家风家训故事365

《家风家训故事365》编写组 编

中国妇女出版社

图书在版编目（CIP）数据

家风家训故事365 /《家风家训故事365》编写组编
. -- 北京：中国妇女出版社，2017.10（2020.10 重印）
ISBN 978-7-5127-1427-4

Ⅰ. ①家…　Ⅱ. ①家…　Ⅲ. ①家庭道德—中国　Ⅳ.
①B823.1

中国版本图书馆CIP数据核字（2017）第078807号

家风家训故事365

作　　者：《家风家训故事365》编写组　编
责任编辑：廖晶晶
装帧设计：吴晓莉
责任印制：王卫东
出版发行：中国妇女出版社
地　　址：北京市东城区史家胡同甲24号　　邮政编码：100010
电　　话：（010）65133160（发行部）　　65133161（邮购）
网　　址：www.womenbooks.cn
法律顾问：北京市道可特律师事务所
经　　销：各地新华书店
印　　刷：北京通州皇家印刷厂
开　　本：170×240　1/16
印　　张：24.25
字　　数：310千字
版　　次：2017年10月第1版
印　　次：2020年10月第4次
书　　号：ISBN 978-7-5127-1427-4
定　　价：58.00元

前言

“家风”是一个极具中国特色的词语。究竟什么是“家风”呢？家风一般是指一个家庭或家族在长期的生活中，逐步形成的被家庭、家族成员认可并共同遵循的道德准则和处世方法，是世代相传的风俗、习惯和传统。“家风”也可以称为“家文化”，反映的是一个家庭或家族的“核心价值观”。

中华民族历来重视家庭。在传统的家风家训中，蕴含了中华民族的道德精髓，中华民族传统家庭美德依托家文化，一代代传承下来，铭记在中国人的心灵中，融入到中国人的血脉中。不同时代的家文化各有特点，但其基本核心，比如爱国敬业、尊老爱幼、忠厚传家、克勤克俭、和睦友善、诚实待人等传统美德，与社会主义核心价值观是大体吻合的，是今天我们加强家庭文明建设的重要资源。

习近平总书记强调指出，家风是社会风气的重要组成部分。家风好，就能家道兴盛、和顺美满；家风差，难免殃及子孙、贻害社会。广大家庭都要弘扬优良家风，以千千万万家庭的好家风支撑起全社会的好风气。无论时代如何变化，无论经济社会如何发展，对一个社会来说，家庭的生活依托都不可替代，家庭的社会功能都不可替代，家庭的文明作用都不可替代。希望大家注重家庭、注重家教、注重家风。

为贯彻落实习近平总书记重要讲话精神，汲取中华优秀传统文化的精神养分，推动社会主义核心价值观在家庭中生根，引领家庭文明建设，我们在全国妇联家庭与儿童工作部的指导下，特别聘请相关专家，编写了这本《家风家训故事365》。读者可以每天阅读一篇家风家训小故事，有的故事稍长，也可两三天读一篇；故事侧重可读性，但所述内容均为史实。在选材过程中，我们注意了两点：一是古今打通，家风是世代相传的，在今天仍在发挥着作用；二是上下打通，家风不是仅限于文化世家、革命之家，普通人家亦有优良家风的传承。

我们期待读者在轻松愉悦的阅读中，感悟中华传统文化的魅力，感受传统家庭美德的熏陶。做到注重家庭，融骨肉亲情与爱国情感为一体，把爱家与爱国统一起来，将家庭梦融入民族梦之中，在追求家庭幸福的过程中建设好社会和国家；注重家教，重言传、重身教，教知识、育品德，帮助青少年扣好人生第一粒扣子，迈好人生的第一个台阶；注重家风，弘扬优良家风，把修身齐家落到实处，以千千万万家庭的良好家风筑牢社会风气的坚实基础。

首都师范大学丁晓山教授为本书主要执笔者。袁荣、王薇、滕军、张军立、谢达、丁然等参与了编写工作。由于时间和水平所限，本书肯定还有疏漏之处，敬请读者批评指正。

本书编写组

2017年9月于北京

目录

桐叶封弟

周公是首开仕宦家训之先河的人。他训诫子侄一事，不仅在家训历史上具有特别的意义，而且对大周王朝初期的社会稳定和发展都有巨大作用。

西周第二代天子周成王继位后，年纪尚幼，由周公辅佐。当时，位于黄河、汾河以东的唐部落发生内乱，周公派兵剿灭叛乱者，唐部落才得以安宁。

一天，周成王和他的弟弟叔虞玩游戏，成王把一片桐树叶削成圭状送给叔虞，说：“用这个分封你做唐的诸侯。”周公听到了，就请求周成王选择一个吉日封叔虞为诸侯。

周成王说：“我是开玩笑的啊。”周公说：“天子无戏言。只要说了，就一定做到。史官应如实地把这件事记载下来，按礼节完成它，并奏乐章歌咏它。如果天子说话都不算话，今后就没人相信天子说的话了，那样的话，还会有谁愿意为国效命呢？”

周成王觉得叔父说得很有道理，就把唐那方圆百里的一大片土地封给叔虞，所以后世称他为唐叔虞。

对人以诚信，人不欺我；对事以诚信，事无不成。周成王与其子周康王统治期间，社会安定，百姓和睦，“刑错四十余年不用”，被誉为“成康之治”。

周公教育周成王要言而有信，不能随便许诺的做法，既成为家训的主要内容，也成为日后的社会规则。“诚信”二字，几千年来一直被人们所推崇。

周公“三训”诫子

周武王建立大周王朝后，天下基本安定，但很多商朝时的臣子如何处置，令周武王难以决断。于是他召见姜太公、召公、周公一起商议。姜太公说：“把那些人统统杀掉，斩草除根，以绝后患。”武王摇摇头。召公说：“还是要分清是非，把有罪的杀掉，无罪的活命。”武王还是摇摇头。周公说：“君王应该用仁爱来感化天下，我看还是让他们各自回家吧。”武王听了很高兴，采纳了周公的建议。

这个举措，令那些商朝臣子感激涕零，而且商朝旧地的百姓也都对武王感恩戴德，天下很快安定下来。

周公强调仁道为政，敬德保民，起到了很好的效果。他将自己的心得作为家训告诫儿子伯禽。在伯禽封于鲁地即将上任时，周公以“三训”告诫儿子。周公说：

君子不施其亲，不使大臣怨乎不以。故旧无大故则不弃也，无求备于一人。

君子力如牛，不与牛争力；走如马，不与马争走；智如士，不与士争智。

德行广大而守以恭者，荣；土地博裕而守以俭者，安；禄位尊盛而守以卑者，贵；人众兵强而守以畏者，胜；聪明睿智而守以愚者，益；博文多记而守以浅者，广。去矣，其毋以鲁国骄士矣！

周公这段话的意思是：

有德行的人不怠慢他的亲族，不让大臣抱怨未被信用。老臣故人只要没有发生严重过失，就不要抛弃他，不要对某一人求全责备。

有德行的人即使力大如牛，也不会与牛比力气大小；即使能飞跑如马，也不会与马比试跑得快慢；即使智慧如谋士，也不会与谋士竞争智力高下。

德行广大者以谦恭的态度自处，便会得到荣耀；土地广阔富饶，用节俭的方式生活，便会得到永远平安；官高位尊而用卑微的方式自律，你便显得尊贵；兵多人众而用谨慎的心理坚守，你就必然胜利；聪明睿智而用愚陋的态度处世，你将获益良多；博闻强记而以肤浅自谦，你将见识更广。上任去吧，不要因为鲁国的条件优越而对谋士盛气凌人啊！

周公告诫儿子真正体现出来的智慧，不要凭借优越的身份地位而对别人颐指气使，应对他人施以仁德，对天下百姓施以仁道，爱护百姓。

家训格言

能容人，是大器。凡做人，在心地。心地好，是良士。心地恶，是凶类。

——明·庞尚鹏《庞氏家训》

人不可使自己孤立

【原文】

人不可孤立，孤立则危。天子之尊至于一夫而亡，况其下乎？一家之亲而外，在宗族，当不失宗族之心，在亲戚，当不失亲戚之心。以至乡党朋友，亦如之。以至朝廷邦国，亦如之。欲得其心非他，忠信以存心，敬慎以行己，平恕以接物而已。

——清·张履祥《杨园先生全集》

【译文】

做人不可弄得自己孤立无援，孤立无援就危险了。天子至高无上，号称“一夫”，没有援助，还会灭亡，何况其他人？一家的亲情以外，在宗族本家，应当真的像待宗族本家一样待他们，在亲戚，也应当真的像待亲戚那样待他们。以至同乡、朋友，也是一样。甚至在朝廷做官处理国事，也要注意不要孤立无援。而要得到别人的心，也没有别的，只要心里想着忠、信，恭敬谨慎地去做事，平和宽厚以待人，就可以了。

孙叔敖功泽后人

春秋时期，楚国有一个宰相叫孙叔敖（约前630年～前593年）。他被司马迁在《史记·循吏列传》里面列为第一人。“循吏”就是奉公守法的好官。

孙叔敖主张“施教于民”“布政以道”“宣导川谷，陂障源泉，灌溉沃泽，堤防湖浦以为池沼，钟天地之爱，收九泽之利，以殷润国家，家富人喜”。他任宰相时，淮水流域常常闹水灾，一方面影响农业发展，一方面危及沿岸百姓的生命财产安全。身居宰相高位的孙叔敖不顾个人安危，亲自到淮河沿岸崩塌的地段调查，主持兴修水利设施。在他亲自带领下，修筑了芍陂水利工程，消除了水患，使沿岸百姓过上了安定的生活，农业收入也比较稳定。芍陂又称安丰塘，有一种说法，它与都江堰、漳河渠、郑国渠并称为我国古代四大水利工程。

孙叔敖这种不顾个人安危，换取更多人平安的思想，与他从小就有一颗善心是分不开的。传说，当孙叔敖还是小孩子的时候，有一次，他在路上看见一条两头蛇。一般小孩子见一只脑袋的蛇都害怕，更不要说两只脑袋的蛇了。孙叔敖顾不上害怕，用石头把这条蛇打死埋掉了。但他到底是小孩子，回到家中见到母亲，一下就哭起来了。母亲赶快问他：“孩子，你怎么了？”他说：“母亲，我快要死了。我听说见了两头蛇的人就会死，我今天看见了两头蛇，恐怕我要离开母亲死去了。”母亲问他：“蛇在哪里？”孙叔敖说：“我把它打死埋掉了。”母亲问：“你为什么没赶快跑，还要打死它呢？”孙叔敖回答说：“母亲，我怕其他人再看见两头蛇也会死，所以我就把它打死并且埋了，不要它再去害其他人。”母亲一听，欣慰地说：“好孩子，你是为了别人而打死这条蛇，你不但不会死，而且会有好报的，因为你积德，上天会保佑你，你一定不会死的！”

果不其然，孙叔敖发愤读书，在乡邻间以仁慈闻名。心中存善念，必将成贤士，孙叔敖后来成了楚国的宰相。“埋蛇享宰相之荣”，就是说孙叔敖打蛇埋蛇这件事。一个小孩子就有这样为他人着想的心，就算自己死也想着别人，难能可贵。

孙叔敖当宰相以后，不谋私利，发展经济，政绩赫然。他的功劳很大，但是他功高不欺主，从来不与楚庄王讨价还价，一心想的都是老百姓的事情。地位越高，态度越谦虚；官职越大，处事越小心；俸禄丰厚，不取分外之财物。不但不取分外之物，还把自己的俸禄施舍给需要的人，俸禄越厚，施舍越广博，只留一点给自己及家人生存所需。所以他临死的时候，可以说家徒四壁，连买棺材的钱都没有。因为孙叔敖的功劳，楚庄王一直想额外封赏领地，孙叔敖都婉拒了。但他知道自己死后，楚王一定会封赏他的儿子，所以临死前，他就交代儿子说：“我在世的时候，大王多次要赏赐我，我都没有要，但是我去世后，大王一定会把这个恩典落到你的身上，他一定会封赏你领土的，你可以领受。但其他好地方你不能要，只有一块地方你可以答应，就是楚越交界的那块地方，名字叫寝丘。为什么？这块地方就是埋葬死人的地方，地名很不吉利，没有人愿意要。你就要这个地方。”家风家教也是遗传的，所以孙叔敖的儿子也满怀善心。后来楚庄王要赐给孙叔敖儿子封地的时候，儿子谨遵父教，先对楚庄王表达感恩，然后说肥沃富饶的土地他都不要，就要了这么一块没有人想要的土地。此后孙叔敖后代10世都居住在这里，丰衣足食，而其他人受封赐的土地却保不住，正是“不争才得长久”，孙叔敖是“功泽后人”。

敬姜以勤治家

春秋时期，鲁国文伯歜的母亲敬姜早年便守寡，但她一生勤劳，从不松懈，靠绩麻线为生，抚养孩长大成人。

文伯歜做了鲁国丞相后，她仍旧操劳纺织。文伯歜认为母亲的这种行为与他现今的地位不相符。

有一天，文伯歜上朝后回到家中，看到母亲正在绩麻，就对母亲说："像我们这样的家庭，您还要绩麻，季康子看了会生气的，以为我不能侍奉您老人家哪！"

敬姜听罢儿子的抱怨，训诫道："夫民劳则思，思则善心生；逸则淫，淫则忘善，忘善则恶心生。"她认为，上自天子、诸侯、卿大夫，下至黎民百姓，都必须劳动，或劳心，或劳力。只有这样，才能政清人和、国泰民安、丰衣足食，这是治国安邦的基础和前提。敬姜在此阐发了一个最朴素的真理：勤勉不怠国则兴，逸乐怠慢国则败。

敬姜还说："今我，寡也，尔又在下位，朝夕处事，犹恐忘先人之业，况有怠惰，其何以避辟。"后来就用"敬姜犹绩"指富贵而不忘根本、不求安逸。

敬姜的诫子家训是《国语》中的名篇，敬姜因这篇出色的《论劳逸》之文成为有名的贤母，也成为后世以勤治家的典范。

孟母三迁

孟母三迁的故事已成为中华民族流芳千古的教子经典。

孟子（约前372~前289年）小时候家里很穷，父亲在他很小的时候就去世了，家里全靠母亲仉氏纺线织布为生。母子俩相依为命。孟子家住在今天山东省邹城乡下的一个小村庄，庄外不远处是一片坟地，总有送葬出殡的人家在那里吹吹打打。孟子很聪明，看过以后回来就学人家出殡打幡、哭丧祭拜。孟母非常担忧，孩子从小就学这些事，将来怎么得了呢？于是她决定搬家，给孟子换一个环境。

孟家迁到了县城西北的庙户营，这里是个大镇甸，孟母的原意是让孟子多长一些见识，开阔眼界。但是这里是一个“日中为市”的交易集市，每逢一、三、五、七单日，附近的百姓就带着自家的土产来到集市交易，讨价还价，喧嚣热闹。孟子看得兴高采烈，回来后不是用棍子挑两块石头学卖菜，就是用木头做刀子像模像样地学杀猪，还学会了买卖人锱铢必较的一套。孟母觉得，近朱者赤，近墨者黑，这样下去怎么能行呢？于是决定再次搬家。

这一次，孟家搬到了一所学堂附近，周围都是读书人。孟子每天看到来上学的人举止文雅，也情不自禁地跟着学习读书、演礼。孟母见了，放下心来，高兴地说：“这才是我儿子应该住的地方！”这才安顿下来。

孟母最开始住在偏僻的村庄紧挨着坟地，再迁往热闹的集市，三迁至书声琅琅的学堂。可见孟母是多么注重环境对一个年幼孩子的影响啊！孟子也没有让母亲失望，刻苦向上，后来成为中国历史上的“亚圣”。

“买肉啖子”和“断机教子”

孟母20岁生下孟子，丈夫早丧，母子俩相依为命。所以孟母可谓一身兼任“慈母”与“严父”的责任，在养育孩子成长的过程中，倍加艰辛。

或许正因如此，在古时候人们就对孟母是怎么把儿子培养成流芳百世的大儒充满兴趣。《列女传》《韩诗外传》中都记载有孟母教子的故事。“买肉啖子”“断机教子”，就是其中广为传播的两个故事。

“买肉啖子”的故事是说，孟子小时候，邻舍杀猪，孟子问母亲：“他们家杀猪是要干什么？”孟母顺口回答说：“给你吃肉呀。”她看到儿子欢天喜地跑出去，知道儿子当真了。孟母觉得不能对孩子失信，便毅然从微薄的积蓄中挤出钱来为儿子买肉吃。

“断机教子”的故事是说，孟子小时候读书贪玩，经常逃学。一天，他早早便放学回来了。孟母正在屋中织布，看见他就问道：“上学是为了什么？”他回答：“为了自己。”孟母听了十分气愤，于是用刀剪断织布机上快织好的布匹，语重心长地说：“你这样荒废学业，就像我剪断即将织成的布匹一样可惜。”孟子明白了母亲的良苦用心，从此勤学不怠。

孟母对儿子，真是既有身教，又有言教，就是这样，一步一步地把孟子培养成了一代名儒，并树立起孟氏家族的家风。

“阻子出妻”

孟母在儿子长大后，仍不放松对儿子的教育，“阻子出妻”，讲的就是孟母教育儿子的一段故事。

在孟子结婚后，有一天，孟子没敲门就回到内室，看到妻子两腿如八字形分开坐在地上，心里很不高兴，就对母亲说这个妻子不讲礼仪，想休了她。孟母问清原委后说：“从礼仪上讲，要进门，怎么也得敲门问一声‘在吗’；要去父母房间，也得在屋外高声说一声‘我来了’，好让人家有所准备。如今你推门就进，让人毫无防备，这是你不讲礼仪在先，而不是人家不讲礼仪。”孟子听了母亲的话，认识到自己的不足之处，遂打消了休妻的念头。

其实这个故事的影响力不亚于“孟母三迁”，它为后世许多蒙学经典所传承，如《弟子规》中说“将入门，问孰存；将上堂，声必扬；人问谁，对以名”，成为中国家庭教育儿女、培育良好家风的经典教材。

家训格言

夫之所贵者，和也。妇之所贵者，柔也。

——宋·朱熹《朱子家训》

慈母多败儿

春秋时期的郑国，有一对亲兄弟，哥哥在史册上被称为郑伯（前757年~前701年），就是郑庄公，弟弟叫共叔段。

庄公的母亲姜氏因为生庄公的时候难产受到惊吓，从此无比讨厌这个孩子；与此相反，她极爱庄公的弟弟共叔段，非常娇纵他，甚至想绕开立嫡立长的宗法制度，帮助小儿子继位，结果未能如愿。她又为共叔段请封“京”这个地方。京邑土地广袤、人口众多，这在当时并不符合国家政策，但庄公无法违抗母命，只好答应了。

共叔段在母亲的溺爱下，恣意妄为，在得到京邑后，肆意扩大势力范围，并发展到举兵起事，想夺取郑国政权。姜氏也在宫里做好准备，要为共叔段打开城门做内应。殊不知，此时庄公已为他们布下了天罗地网，要让共叔段“多行不义必自毙”。结果共叔段先被自己封地的百姓赶走，接着又被郑伯的军队攻伐得落荒而逃。庄公再也无法容忍弟弟与母亲的胡作非为，最终一鼓作气把共叔段的势力剿灭。

一奶同胞两兄弟，一个成为国君，一个成为叛臣客死他乡。这并不是说这兄弟俩的结局是先天注定的，而是因为母亲自小教育方式的不同而造成的。后人每念及此，无不感叹：慈母多败儿，切不可一味娇惯孩子。

为人父母，对待子女要不偏不倚

【原文】

人之爱子，罕亦能均；自古及今，此弊多矣。贤俊者自可赏爱，顽鲁者亦当矜怜，有偏宠者，虽欲以厚之，更所以祸之。共叔之死，母实为之。赵王之戮，父实使之。刘表之倾宗覆族，袁绍之地裂兵亡，可为灵龟明鉴也。

——南北朝·颜之推《颜氏家训》

【译文】

人们都疼爱自己的子女，但是很少有人能做到公平地对待每一个子女；从古至今，因偏爱而造成的祸患真是不胜枚举啊。才德出众的孩子固然值得赏识和疼爱，顽劣愚钝的孩子也应当给予疼爱，那些喜欢偏爱某一个孩子父母，本心是对那个孩子好，但结果反而为那个孩子招致灾祸。共叔段的死，其实是他母亲的溺爱所致。赵王被杀害，其实是他父亲一手促成。刘表宗族倾覆，袁绍兵败、领地被瓜分殆尽，都可以作为镜鉴，使后人警戒。

贺者在门，吊者在闾

西汉时，大学问家刘向（约前77～前6年），12岁时就担任为皇帝引御车的官职，20岁时已任谏大夫。刘向的儿子刘歆（约前50～后23年）聪明博学，也是少年得志。刘向心中十分忧虑，担心刘歆忘乎所以，就给他写了一封信，这就是中国历史上著名的教育文献《诫子歆书》。

写这封信的缘起是汉成帝任命年纪轻轻的刘歆为黄门侍郎。所以刘向一开始就说："若未有异德，蒙恩甚厚，将何以报？"意思是说："儿子你要注意了，你没有什么特别的德行，却蒙受了皇上的大恩，身居要职，你用什么来回报呢？"

接下来，刘向又给儿子讲了"贺者在门，吊者在闾"的道理。大意是说，致贺的人在家中坐满厅堂，而吊唁的人却已来到里巷的门口。福气太大就可能骄横奢侈，而骄横奢侈一定会招来祸事。当了官，按说是好事，可处理不好，却会埋下灾祸的种子。

最后刘向又告诫儿子："你少年得志，做了地位显要的黄门侍郎，刚刚就职，官员都要来向你道贺，那些显贵之人也会给你叩头。你处事时更要小心谨慎，如履薄冰，如临深渊，兢兢业业，才可以远离祸患。"

老话讲，知子莫如父。刘向听到儿子升官的消息，不喜反忧。后来权臣王莽拉拢刘歆，给他高官厚禄。刘歆为王莽一步一步谋权篡位提供了帮助，后又参与谋杀王莽，事败后自杀。果真是应了父亲的话"贺者在门，吊者在闾"啊！

不给子孙留金银

汉代的疏广（？～前45年），兰陵（今属山东临沂）人，很有学问，皇上把他请去给太子当老师，官职叫“太傅”。侄儿疏受也被任命为“少傅”。在外人看来，疏家这回可是青云直上了。可是上任没几年，疏广决定辞官回家。他对侄儿说：“我听说，人知道满足，就不会受到羞辱；知道适可而止，就不会濒临险境。现在，我们都已经做到两千石的高官了，名声也有了，此时不走，还待何时？”

侄儿疏受也是饱读经书的人，很同意叔父的意见，于是，二人谢绝了皇上和太子的多番挽留，辞官回乡。临行前，皇上和太子赏赐了他们70斤黄

金。这可真是一笔不小的财富啊！在那时，这笔钱足够一大家子吃喝不愁，并过上相当阔绰的生活。

接下来的事情，就有点儿让人不解了。疏广在京城有不少朋友、下属。走的那天，光送行的车就有好几百辆，街道两旁站满了人。70斤黄金很大一部分，被疏广送给了有难处的朋友、下属。回到家乡，他又摆起流水席，远近的乡亲，来来往往，这流水席竟摆了一年，银钱如流水般花了出去。

儿孙们看在眼里，急在心里，不敢直接去说，就托族中一位长者去劝劝。疏广听了长者让他留些钱财给儿孙的建议，微微一笑说："我虽然老了，可还没糊涂到不念及子孙后代的地步。我早就想过，以我们家现有的房子、土地，只要子孙辛勤劳动，完全可以过上中等以上的日子。如果我把这些黄金留给他们，表面上看是关心他们，实际真是害了他们。常言说得好：贤而多财，则损其志；愚而多财，则益其过。就是讲有才德的人，要是钱财太多了，会消磨意志；愚钝的人要是钱财太多了，只会增加他的过错。"

疏广喘了口气，又接着说："再说了，我拿皇上赐予我的这些钱财与乡亲一起吃喝、一起快乐，不也很好吗？"

疏广散尽家财，不给子孙留财帛，而将刻苦自立、努力向学的家风留给他们。疏家子孙一直过得平安、幸福、快乐！北宋史学家司马光由衷地称赞疏广说："真有远见卓识啊！"

“言宜慢，心宜善”

据二十四史统计，山东琅琊王氏家族，历朝历代，共出过36个皇后、36个驸马、35个宰相，人称“中华第一望族”。而这个家族祖上传下来的家风，竟简单到只有6个字：“言宜慢，心宜善”。

“言宜慢”，出自王家始祖、西汉王吉（？~前48年）。据说王吉在调任昌邑王府担任中尉赴任的路上，遇见一位老人。说起官场险恶，老人送给他3个字：言宜慢。王吉顿悟，就靠着这3个字，不仅安然渡过了一次次危机，后来还成了朝廷重臣。

几年后，王吉经过昌邑（今属山东潍坊）时，又遇上了送给他“言宜慢”三字真经的那位老人。这次老人又送了他3个字：心宜善。原来，王吉官越当越大，报复心也越来越强。有个叫赵路的官员，就因与王吉政见不和，竟被王吉恶意弹劾，罢官归乡，不久即郁郁而终。老人劝他，与人为善，必有福报。王吉痛改前非，在官场上口碑越来越好，顺利平安。

言宜慢，心宜善。这简简单单的6个字，却包含了许多做人、做事的道理。言语，是用来与人交流的；善良，是一个人自身的品德所在。有了一颗善良的心，再加上得体的交流方式，当然会进退自如，受人尊崇。两千多年了，谁又能说这个家风，已是过时了呢？

清白家风留子孙

东汉时弘农华阴（今属陕西渭南）杨家，出了一个贤能的子孙，叫杨震（？～124年）。虽然家境贫寒，父亲早逝，但他却教书自给，刻苦自学，直到50岁，才开始仕途，一直做到太尉，位列三公。

杨震虽说当了大官，生活上仍然十分清苦。他在赴东莱（今属山东烟台）任太守的路上，在昌邑住了一晚上。恰好在此任县令的王密是过去杨震推举的秀才。王密看到杨震官越当越大，想巴结他。那天夜里便一人来到杨震的住处，神神秘秘地打开一个沉甸甸的包裹，原来里头是十斤黄金。王

密笑嘻嘻地说："这是我的一点儿小意思，夜深人静，无人知晓，您就收下吧。"

杨震勃然大怒，拍案而起，高声说道："你做的这事，天知，神知，我知，你知，怎么会无人知道呢！"王密讨了个没趣，只得收拾起黄金羞愧而去。这就是中国历史上流传甚广的"四知"典故。是啊，干了坏事，难道不怕良心的谴责吗?

杨家的家人，一直都是"常蔬食步行"，就是吃饭吃蔬菜，出门靠步行，这在今天看来是健康的生活方式，可在当时人看来，都觉得太寒酸了，有人看不下去，劝杨震为子孙置办些家产留下。杨震说："让杨家子孙都当清白子孙吧。我把清白家风留给子孙，比留什么房屋、田地都丰厚。"

杨震的三个儿子都当了官。长子杨牧，官至富波相；次子杨秉，官至太尉；少子杨奉，官至黄门侍郎。3个儿子都很清廉。次子杨秉的一句话，概括了这兄弟三人的为人，他说："我一生中有三不惑——酒、色、财也。"

杨家的孙辈中，杨赐也做到高官，人们评价他颇有祖父之风。杨敷，"笃志博闻"，以做学问为生。人们说他能"世其家"，也就是能够秉承杨家的家风。

杨家的第四代杨琦，汉灵帝时官至侍中。

杨震以后，弘农杨家成了东汉有名的世家大族。史书称"四世三公，德业相继"。这个家族如此兴旺，与杨震在世时立下的清白家风是密不可分的。

蔡邕《女训》

东汉蔡邕（133～192年），是当时著名的文学家、书法家、音乐家。他的女儿蔡文姬，是中国古代四大才女之一。

蔡邕是怎样培养女儿的呢？蔡氏的家风又是怎样的呢？要弄清这个问题，就不能不看蔡邕所著的《女训》。

在这篇《女训》中，蔡邑告诫女儿，面容的美丽固然重要，但当修饰面容的时候，千万不要忘记了品德和学识的修养对女人来说更为重要。

《女训》的第三段原文如下：

心犹首面也，是以甚致饰焉。面一旦不修饰，则尘垢秽之；心一朝不思善，则邪恶入之。咸知饰其面，不修其心，惑矣！夫面之不饰，愚者谓之丑；心之不修，贤者谓之恶。愚者谓之丑，犹可；贤者谓之恶，将何容焉？故览照拭面，则思其心之洁也；傅脂，则思心之和也；加粉，则思其心之鲜也；泽发，则思其心之顺也；用栉，则思其心之理也；立髻，则思其心之正也；摄鬓，则思其心之整也。

这段话的意思是说：

心就像人的头和脸一样，需要认真修饰。脸一天不修饰，就会被尘垢掩盖；心一天不思善，邪恶的念头就会侵入。人们都只知道修饰自己的面容，却不知道修养自己的心灵。面容不修饰，愚人说丑；心性不修炼，贤人云恶。丑还罢了，贤人都说你恶，你哪里还有容身之地啊！所以，你每日照镜子时，就要想想自己的心是否纯洁；你每日抹香脂时，就要想想自己的心是否平和；你每日搽抹香粉时，就要问问自己的心是否干净；你每日梳洗头发时，就要想想自己的心是否柔顺，是否有条理；你每日编发绾髻时，就要想自己的心是否端正，是否如发髻般齐整。

大约两千年前，汉时的蔡邕就已认识到美“容”者一时光鲜、美“心”者一生幸福这个道理。这个看似简单的道理，真的是关系到儿女一生的幸福啊！可直至今日，又有多少人真正认识到了呢？试问，如果一个女孩子，表面漂漂亮亮，可一接触，一交谈，显现出来的却是贪心、粗俗、焦躁、无礼，你还愿意和她继续交往吗？反之，如果一个女孩子，看上去朴实无华，交谈之后表现出来的是正直、平和、干净、柔顺，你会愿意和她继续交往吗？蔡邕早已悟透人世间的道理，故而才一再谆谆教导自家的女孩子，要做一个身心皆善的女性啊！

郑小同的悲剧

说起东汉末年居住在今天山东高密的郑氏家族，那可真是名声显赫。郑氏据传是春秋时郑国人，郑国灭亡后，以国为氏。始祖郑国，曾因修建“郑国渠”而载入史册。到了东汉末年，郑氏家族更是出了个了不起的大学者郑玄（127~200年）。史书上说，郑玄弟子上千，朝廷九次请他出山当官，他都谢绝了。东汉末年黄巾军起义时不敢入县境，知道这县里住着位大学者，不敢去打扰他。

这样的家族当然是有着深厚的家学渊源的。郑玄去世时，孙子郑小同只有六七岁，郑小同长大后学问也不错，著有《郑志》十一卷等著作。

郑小同为什么叫“小同”呢？原来，祖父生于丁卯岁，郑小同生于丁卯日，而且居然手纹也与祖父相似。郑玄十分高兴，便给孙子取名“小同”。

可惜的是郑小同与祖父只是“小同”，而没有学到祖父的大智慧。郑玄早已看到天下大乱，奸雄并起，故而不问政治，埋首治经。而郑小同在学问上远远赶不上祖父，政治上更没有祖父的清醒，竟然卷入了曹家与司马家的争斗之中。史书上说，郑小同与曹家打得火热，这自然遭到司马家的嫉恨。一天，郑小同去司马昭家做客，司马昭设了一个“局”，说郑小同翻看了他的机密文件，并以此为借口，用毒酒将郑小同毒死了。

据传，郑小同死前留下遗命，郑氏子孙永远不要在司马氏当皇帝的晋朝当官，或许直到生命的最后时刻，郑小同才想起祖父守节不仕、埋首学问的家风吧，可惜一切都晚了，真是悲剧啊！

厚褥大被的深意

三国时，有个叫孟宗（218～271年）的人。小时候，母亲送他到南阳（今属河南南阳）求学，临行前，特意为儿子做了厚厚的褥子、宽大的被子。南阳气温较高，似乎用不着这么厚的褥子，一个人睡，似乎也用不着这么大的被子。邻居感到奇怪便问为什么。孟宗的母亲说："我儿年幼无知，不懂得怎样和同伴们相处，也不会帮助别人。我想，他的同学中难免有缺衣少被的，我这样做是要他和那些家境贫穷的同伴同铺一条褥，同盖一条被。如此就可以听声相应、同气相求，受到良好的影响和熏陶。"

一铺厚褥，一条大被，饱含着一位母亲对儿子的叮咛：从小要学会关爱他人，从小要学着和家境贫寒但刻苦向上的人交朋友。孟宗也不负母望，读书夙夜不懈。老师李肃认为他是奇才，将来有做丞相的资质。他和同学相处得也十分融洽，有一次，有一位同学担水时不慎摔伤，无法上课。孟宗就主动为他补习功课。听说他的母亲病了，又去他家探望，并请来名医诊治。

孟宗成人后，在吴国做了官吏。他在做主管渔政的官员时，曾亲自捕到一条鲊鱼，烹调后送给母亲。母亲却将鱼送还与他，并教导他说："你是主管渔政的官员，送鱼给我，就不怕人说闲话吗？"后来"还鲊"就成了中国历史上指称贤母的一个典故。

孟宗的母亲去世后，孟宗弃官回家奔丧，跪守在墓前35天，日夜哭泣，四乡八里的百姓见了，无不动容。

诸葛亮的《诫子书》

诸葛亮（181～234年）是中国家喻户晓的历史人物，其“空城计”的故事广为流传，被世人誉为智慧的化身。其实，诸葛亮的教子智慧也很值得我们今天的人学习，这主要反映在他的3封家信中：《诫子书》《又诫子书》《诫外甥书》。

其中最为著名的《诫子书》是这样说的：

有道德修养的人，是这样来修身养性的：以静思反省，来使自己尽善尽美；以俭朴节约，来使自己品德高尚。不清心寡欲，不能使自己的志向明确坚定；不安定清静，不能够实现远大的理想。要学得真本事，一定要让身心处于宁静的状态。人的才能，是从不断的学习中积累起来的，不下功夫，无法增长才干；没有坚定的意志，学业也无法成功；过度享乐，无法振奋精神；冒险急躁，也不能陶冶性情。岁月虚度，志向消磨，这样的人最终只会像枯枝落叶一般残败凋零。这样的人不会为社会做出什么贡献，只能悲伤地困守在自己的穷家破舍中，那时真是后悔莫及啊！

据史书记载，诸葛亮中年得子，他病故时，儿子只有8岁，《诫子书》中说的这些话，他可能还不能完全理解。但《诫子书》寄托了父亲对幼子的殷殷希望，教导他在自己的一生中能恪守平静、节俭的品德，不断修身立志。

这封信中最有名的两句话，就是“非淡泊无以明志，非宁静无以致远”。过去大户人家厅堂上，往往以此为联悬挂自勉。淡泊明志，宁静致远，这大概就是诸葛亮希望子孙世世代代传承下去的家风。

或许是考虑到儿子长大后必然有社交生活，诸葛亮又给儿子写了一封信，主要是告诫儿子，朋友聚会可以饮酒，但不能过度，一方面是指自己不要过度，一方面也要让朋友不要过度。饮酒，要相互体谅而不要比拼酒量。

诸葛亮专门就饮酒问题给儿子写信，或许是因为他看到，在那个时代因饮酒过量而误事，甚至酿成大错的事例太多了，如《三国演义》中提到的就有不少：曹操醉酒斩刘馥、张松醉酒泄天机、典韦醉酒丢双戟、张飞醉酒丢性命等等。

除了自己的儿子，诸葛亮也很关心家族中其他晚辈的成长。他给自己的外甥庞涣也写过一封语重心长的信。告诉外甥，要志存高远，要“忍屈伸，去细碎，广咨问，除嫌吝”。这封信今天给我们的启示至少有二：

一是立志固然重要，立什么志或许更重要。所立的志，要符合这个孩子的天分和内心的真实愿意，否则只会沦落为不切实际的“豪言壮语”。

二是人一定要与他人接触，做事情。这或许是因为诸葛亮已看到不少“官二代”“富二代”变成了“三不”型子孙。所谓“三不”，是指不愿做事，不敢做事，不会做事，只能是坐吃山空，耗尽祖产。

家训格言

夫君子之行，静以修身，俭以养德。非淡泊无以明志，非宁静无以致远。夫学须静也，才须学也。非学无以广才，非志无以成学。淫慢则不能励精，险躁则不能冶性。年与时驰，意与日去，遂成枯落，多不接世，悲守穷庐，将复何及！

——三国·诸葛亮《诫子书》

马援《诫侄书》

东汉开国功臣之一马援（前14年~后49年）的《诫兄子严、敦书》，又称《诫侄书》，堪称我国历史上家教家风的开山之作。

马援兄长去世后，马援主动担负起教诲马严、马敦两侄的职责。他视侄儿视如己出，早晚耳提面命。马援南征交趾，不能亲自教导侄子，他就在作战间隙写下这封《诫侄书》，堪称“马背寄语”。《后汉书·马援列传》收录了这篇千古名文，全文如下：

援兄子严、敦并喜讥议，而通轻侠客。援前在交趾，还书诫之曰：“吾欲汝曹闻人过失，如闻父母之名，耳可得闻，口不可得言也。好议论人长短，妄是非正法，此吾所大恶也，宁死不愿闻子孙有此行也。汝曹知吾恶之甚矣，所以复言者，施衿结缡，申父母之戒，欲使汝曹不忘之耳。龙伯高敦厚周慎，口无择言，谦约节俭，廉公有威。吾爱之重之，愿汝曹效之。杜季良豪侠好义，忧人之忧，乐人之乐，清浊无所失，父丧致客，数郡毕至。吾爱之重之，不愿汝曹效也。效伯高不得，犹为谨敕之士，所谓‘刻鹄不成尚类鹜’者也。效季良不得，陷为天下轻薄子，所谓‘画虎不成反类狗’者也。迄今季良尚未可知，郡将下车辄切齿，州郡以为言，吾常为寒心，是以不愿子孙效也。”

用今天的话语来讲，这封信的内容就是：

我兄长的儿子马严和马敦，都喜欢谈论别人的事，而且爱与侠士结交。我在前往交趾的途中，写信告诫他们：

我希望你们听说了别人的过失，像听见了父母的名字：耳朵可以听见，但嘴中不可以议论。喜欢议论别人的长处和短处，胡乱评论朝廷的法度，这些都是我最深恶痛绝的。我宁可死，也不希望自己的子孙有这种行为。你们知道我非常厌恶这种行径，所以我是一再强调的。就像女儿在出嫁前，父母一再告诫的一样，我希望你们牢牢记住。

龙伯高这个人敦厚诚实，说出的话没有什么可以指责的。谦约节俭，待人又不失威严。我爱护他，敬重他，希望你们向他学习。杜季良这个人豪侠好义，有正义感，把别人的忧愁当成自己的忧愁，把别人的快乐作为自己的快乐。无论什么人都结交。他的父亲去世时，来了很多人。我爱护他，敬重他，但不希望你们向他学习。学习龙伯高不成功，还可以成为谨慎谦虚的人。就所谓“刻鹄不成，尚类鹜”。而一旦学习杜季良不成功，那你们就成了纨绔子弟。就所谓“画虎不成，反类犬”。到现今杜季良还不知晓，尚未就任就令人怨恨，百姓的意见很大。我常常为他寒心，这就是我不希望子孙向他学习的原因了。

《诫侄书》仅有200多字，却是句句箴言，将为人做事做官的道理诠释得淋漓尽致。马援告诫侄子要遵纪守法，勤俭节约，诚实守信，谨敕慎行，听从父母教诲，谨慎交友，做人做事力求量力而行，为国家战死疆场。马援以此告诫侄子，自己更是身体力行。他生活在两汉之际，当时天下大乱，群雄并起。马援跟随刘秀北塞戍边，南息内乱，战功赫赫，最后死于疆场，为建立、稳定东汉初年的政治局面立下了汗马功劳。

“量力而行”的马府家训

马援当年在给侄子马严、马敦的《诫侄书》中说：“做人做事，量力而行。”两个侄子都牢记在心。他们听从叔父的教诲，向叔父学习为人做事做官遵循道德准则，一点一滴都谨言慎行。“量力而行，不好高骛远”的家风传承，使得他们日后洗刷了叔父的不白之冤。

建武二十四年（48年），马援受命南下平定武陵之乱时，不幸阵亡。恰在这时，以驸马梁松、大臣马武为首的权贵集团，却诬告马援在建武二十年（44年）平南国交趾之乱时，搜刮无数珍珠、犀角等宝物，回运京都藏于密室，欺君负国，发战争财。光武帝刘秀竟然听信谣言，妄断马援晚节不保，下令废除马援侯爵，查办马援前罪。

以“廉公威”著称的马府顿失昔日荣光，名声一落千丈。马援灵柩到京之日，马夫人慑于舆论，不敢发丧。马严、马敦在叔父的灵前长跪不起，吞泪发誓要为叔父雪洗奇耻大辱，还马家清白。

马严、马敦牢记叔父的“量力而行，不好高骛远”的教诲，不求皇帝牢记叔父马援一生战功，对自己这一代予以宽恕，给予恩赐，只求还叔父清白。一天，马严、马敦兄弟偕同婶婶马夫人，用草绳绑缚身子，以“上朝请罪”为名，拿着家藏薏米，求见光武帝刘秀，陈述家藏的是药食两用的农产薏米，并非外界所传的珍珠。当年马援在交趾、九真、日南、合浦四郡征战，那里盛产的翠羽、犀角、象牙、玳瑁等珍品，马援秋毫不犯，不携一珍一器，不曾带过半点珍宝北归。

马严先后6次陈情，语出哀切，而又言之凿凿。还拿出马援交趾寄语，一板一眼在光武帝面前背诵。光武帝听后陷入沉思，想到马援戎马一生，确实忠心耿耿。于是下旨：一准马案“从宽发落”，撤销调查；二准马援遗骨迁回宗族墓地厚葬。马严兄弟终于为叔父昭雪冤情。

马严兄弟深受叔父谆谆教导的影响，同时也将叔父留下来的为人处世做官的准则一代代传承下来。马严为官清廉，做事谨慎，他在任陈留太守期间，有人造谣说京师以东有人造反，上司下令，要求马严立即派兵严加防范，力惩作乱者。马严亲自查实后，方知是讹传，并没有按照上司指示去做，皇帝下诏书责问下来，马严据实以告，并要求严惩造谣者。最后，造谣者受到了惩处。

永平元年（58年），汉明帝刘庄继位，他娶了马援的女儿为妻，并立为皇后，看中的就是马府家教严、家风正，人品高尚。

家训格言

训曰：凡人于无事之时，常如有事而防范其未然，则自然事不生。若有事之时，却如无事，以定其虑，则其事亦自然消失矣。古人云：“心欲小而胆欲大。”遇事当如此处也。

——清·康熙《庭训格言》

读书是实现人生目标的途径

【原文】

告琳，顷来闻汝与诸友生讲肄书，滋滋昼夜，衎衎不怠，善矣！人之进道，惟问其志，取必以渐，勤则得多。山溜至柔，石为之穿；蝎虫至弱，木为之弊。夫溜非石之凿，蝎非木之钻，然而能以微脆之形，陷坚刚之体，岂非积渐之致乎？训曰：“徒学知之未可多，履而行之乃足佳。”故学者所以饰百行也。

——汉·孔臧《给子琳书》

【译文】

告诉你，琳，近来听说你与几个年轻的读书人讲习《书传》，从早至晚，孜孜不倦，怡然自乐而毫无懈怠，真是好呀！教人学问时，要先问问他的志向，获取知识，必须循序渐进，一定得靠日积月累才能达到目标，勤勉才可能获得更多知识。山间的流水，再柔弱不过了，但石头却被它穿透；蝎虫也是非常弱小的，但树木却被它咬断。流水不是敲打石头的凿子，蝎虫也不是钻木的钻头，然而却能凭借弱小的身体，钻穿坚硬的物体，这难道不是逐渐积累的结果吗？古训说：“只读书本的知识不值得赞赏，把所学的知识用到实践中才值得赞扬。”所以，学者学习知识是为了更好地指导实践。

"父教子，子效父"

三国时，魏国寿春（今属安徽淮南）胡家，是个家风端正、远近闻名的好人家。父亲胡质、儿子胡威，都官职不低，但都十分清廉，"父教子，子效父"。

胡威还是少年时，独自一人到荆州（今属湖北荆州）探望在那当刺史的父亲。胡威住了10多天，临别时父亲拿出一匹绢给儿子。儿子心想父亲一向廉洁奉公，怎么会有这么贵重的东西？便问了一句："父亲，这绢是从哪儿来的，不会是有人贿赂的吧？"胡质听了，不但不恼，反倒有几分高兴，他告诉儿子："这是我省吃俭用存下来的，不是什么不义之财，放心好了。"

胡威返乡的时候，正好胡质手下一位官员也是寿春人，张罗着和胡威一起走。想到儿子年轻，路上有个人照应也挺好，胡质便答应了。谁知那人是别有用心，是想借与"刺史公子"同行的机会，把自己搜到的民财运回老家。胡威开始只是感到这位官员特别殷勤，也未在意，但慢慢地注意到这位官员带的行李特别多，还竟是什么丝织布匹、金银用品、名贵药材等好东西。到了老家后，还主动要送给胡威一匹上好的白绢。胡威当然婉言谢绝了，心想，这个官员官职比父亲可小多了，不可能有这么丰厚的家产，于是，他给父亲写了一封信，一来报平安，二来向父亲禀明这一疑惑。胡质接信后一查，这个同乡官员还真是个贪官，于是禀明朝廷严肃处理了此人。

胡威成人后，也当了官，那已是晋朝统治的时候了。晋武帝曾问过胡威："你跟你父亲比，谁更清廉一些？"

胡威稍稍思索了一下回答说："我不如我父亲。我父亲做了清正廉洁的好事，从不在意别人是否知道。而我呢，虽然也清正廉洁，但是就怕别人不知道。"

晋武帝听了，说："你不仅有清正廉洁的品德，还有谦虚的美德。"更加赏识他了。

胡家清正廉洁的家风，依然在一代一代传承着。

家训格言

慈父固多败子，子孝而父或不察。盖中人之性，遇强则避，遇弱则肆。父严而之所畏，则不敢为非；父宽则子玩易，而恣其所行矣。子之不肖，父多优容；子之愿悫，父或责备之无已。惟贤智之人即无此患。至于兄友而弟或不恭，弟恭而兄或不友；夫正而妇或不顺，妇顺而夫或不正，亦由此强即彼弱，此弱即彼强，积渐致之。为人父者，能以他人之不肖子喻己子；为人子者，能以他人之不贤父喻己父，则父慈而子愈孝，子孝而父益慈，无偏胜之患矣。至于兄弟、夫妇，亦各能以他人之不及者喻之，则何患不友、恭、正、顺者哉！

——宋·袁采《袁氏世范》

嵇康的《家诫》

古时候，有7位特别有名的人，人称“竹林七贤”。竹林七贤之首，就是嵇康（224～263年）。他是曹魏皇家宗室的女婿，或许正因如此，在曹魏被司马氏的晋朝取代后，嵇康便变得越来越不合时宜，也不愿当官，无拘无束，触怒权贵，以致被打入大牢，39岁即丢了性命。但人往往是矛盾的，他在狱中给10岁的儿子写的《家诫》，却希望儿子成为一个稳重谨慎的人。可以说，嵇康是用自己的一生证明：放荡不羁的路走不通，后世子孙应该以此为戒。

他在《家诫》中告诉儿子：“若志之所之，则口与心誓，守死无二。”意思是说，如果要做的事就是心中最愿做的事，才会做到心口合一，坚定不移，宁死不放弃。这是告诉儿子，长大后要做自己真心喜欢的事情。

他在《家诫》中告诉儿子，与人交往，分寸很重要。对于当地的长官，表示尊重就可以了，不宜过从太密。这是他看到官场风云变幻，十分险恶，不愿儿子与官员走得太近，以免招惹是非，陷入困境。

他在《家诫》中告诉儿子，做人要大气，不能不懂变通地洁身自好，如果遇见贫苦的人，你有可以救济他们的东西，就应当义不容辞地去帮助他们；如果有些人为了从你那里求得好处才跟随你，那么你就应当好好反省，不是出于“义”就应当拒绝这些人。

他在《家诫》中告诉儿子，要慎于言，甚至说，不要随意接受邀请，去参加聚会。因为聚会免不了饮酒、谈话、送礼。酒喝多了容易祸从口出，送礼也容易摆不平。所以，不必要的聚会不如一概拒绝。

他最后在《家诫》中告诉儿子，“凡行事先自审其可”，谋定而后动。做事情，要先想好了再去做。

家训格言

人无志，非人也。但君子用心，所欲准行，自当。量其善者，必拟议而后动。若志之所之，则口与心誓，守死无二。耻躬不逮，期于必济。若心疲体懈，或牵于外物，或累于内欲；不堪近患，不忍小情，则议于去就。议于去就，则二心交争。二心交争，则向所以见役之情胜矣！或有中道而废，或有不成一匮而败之。以之守则不固，以之攻则怯弱。与之誓则多违，与之谋则善泄。临乐则肆情，处逸则极意。故虽繁华熠燿，无结秀之勋；终年之勤，无一旦之功。斯君子所以叹息也。若夫申胥之长吟，夷齐之全洁，展季之执信，苏武之守节，可谓固矣。故以无心守之，安而体之，若自然也。乃是守志之盛者也。

所居长吏，但宜敬之而已矣，不当极亲密，不宜数往，往当有时。其有众人，又不当独在后，又不当宿留。所以然者，长吏喜问外事，或时发举，则怨或者谓人所说，无以自免也。若行寡言，慎备自守，则怨责之路解矣。其立身当清远。若有烦辱，欲人之尽命，托人之请求，则当谦言辞谢，其素不豫此辈事，当相亮耳。若有怨急，心所不忍，可外违拒，密为济之。所以然者，上远宜适之几，中绝常人淫辈之求，下全束脩无玷之称；此又秉志之一隅也。

——三国·嵇康《家诫》

无志之人常立志，有志之人立志长

孔子说起自己这一生，第一句话就是“吾十五有志于学”。立志，是人生的起点，过去的世家大族，都很注意培养子孙的志向，晋代的皇甫家也不例外。

皇甫家有个叫皇甫谧（215～282年）的孩子，曾祖皇甫嵩曾做过汉朝太尉。到了晋朝之时家道已是衰落，一直由他的叔父、婶母抚养。但他毕竟是富家子弟，沾染了不少公子哥儿的习气，好逸恶劳、东游西逛、不学无术，人们都很鄙视他，说他是朽木不可雕也，甚至有人说他是个痴呆。

皇甫谧的婶母任氏看到皇甫谧自甘堕落，深感心痛。一天，皇甫谧拿了一些瓜果，跑去孝敬任氏。任氏平时很怜爱这个孩子，总是良言相劝，无奈不见效果，这次决心刺激他一下，于是沉下脸，说：“你以为拿点儿瓜果回来就算孝敬了吗？你都长到20岁了，还不务正业，不认真学习，不懂得道理，我怎么能感到安慰呢？”

任氏一边流着眼泪，一边说：“以前孟母为了教子，曾三迁其居。如今你整日放浪形骸，和一群狐朋狗友厮混，究竟是为什么呢？也许是我教育不好吧，我也已经费尽了苦心。其实，学问、道德，学了都是为了你自己好，与我有什么相干！我养你这么大，真是白辛苦了。”皇甫谧从小还未看到婶母这么伤心，内心很受触动，决心改过学好。

于是，皇甫谧离开了舒适的家庭，扛着锄头，拜乡村里的一位学者席坦为师，一边劳动一边读书。他遍读了诸子百家，树立了远大的志向，终于成为大学问家。他一生写了很多诗、赋、颂及传记，他的不少门人都成了晋朝的名臣。当时，还没什么名气的左思写了《三都赋》，特地去向皇甫谧请教。皇甫谧对《三都赋》大加赞赏，为他写了序，轰动了洛阳城，人们争相传抄，弄得大街上的纸张都紧俏起来，商人趁机提价。“洛阳纸贵”这个成语便出于此。

皇甫家的子孙，经常拿这个故事来教育后代：无志之人常立志，有志之人立志长。立大志，做大事，已在潜移默化中成为皇甫家族的家风。

卖狗嫁女

东晋的吴隐之（？～414年），出身贫寒，家风清廉。当时主持朝政的大将军恒温倒是很欣赏他，把他请到朝里做官。朝廷重臣谢石也请他担任将军府主簿。这可是参与机要的、权力不小的官职。可吴隐之依然过着清贫的生活。

当时，吴隐之的女儿要出嫁，谢石考虑到吴隐之家日子清贫，便派自己家的厨师，带上食材、用具、帮手，去吴隐之家帮忙。到了门口一看，既未张灯，也未结彩，冷冷清清，哪像个办喜事的人家。正怀疑是不是走错门了，大门忽然开了，一个丫头牵着一只大狗走了出来。

“请问，这是吴大人府上吗？”厨师忙问道。

“是呀。”丫头答道。

“我是谢大人派来帮忙的。你牵着狗去干什么呀？”好奇的厨师问道。

“哎，您不知道。这喜事就要办了，可我们家老爷还什么都没准备呢。刚才，老爷吩咐我把狗牵到集市上卖了，得了钱，好置办点办喜事的用品。”丫头可找到人说说心里话了。

从此，吴隐之“卖狗嫁女”的事情，一传十、十传百地传开了。谢石等人听了，也都点头叹息。后来，吴隐之升任晋陵太守，一家人仍然过着俭朴的生活。妻子亲自外出背柴火，在家烧火做饭，和普通人家没有什么不同。他自己只有一套衣服，衣服洗了，就披着棉被待在屋里。他的言行，对妻子儿女，乃至后代子孙，都产生了很大的影响。

临行诫子孙

北魏时有个大臣叫杨椿（455～531年），很得皇上欢心，官至司徒，那是中央一级的大官了。一直干到75岁，皇上才恩准他退休回老家。他儿子杨昱也在朝廷当大官，不能随父亲回乡。杨椿知道自己年事已高，父子一别，以后还能不能见上面都不好说。临行前，他与儿子谈了很长时间。

杨椿说："咱们杨家，一直受皇上恩典，当郡守的，当刺史的，不胜枚举。咱们杨家的老祖宗，我的曾祖父，在建国之初，就当过太守，听说是相当清廉的。我的祖父，也当过太守，地位很高，钱财不少，可我却看见他穿的是粗布衣服，腰里系的腰带和贫穷人系的差不多。祖父还经常告诫儿子，也即我的父辈，不要家存黄金1斤以上、彩绸百匹以上。你们不要积攒财物，也不要与有钱有势的人家攀亲联姻。到了我们这一辈，已是不能很好地遵照祖父的遗训去做了，到了你们这一辈就更不行了。看看你们穿戴的衣服、乘坐的马车，已是越来越奢华了。我还听说，你们这一辈人中，有的家里来了客人，竟坐着不站起来；有的就知道向有钱有势的人献媚，见了尊贵的人就敬重，见了贫贱的人就轻视。还有人喜欢议论他人的过错。这都是不符合我们杨家家风的。"

杨椿顿了顿，又对儿子说："咱们杨家，自我高祖以下，7人当过太守，32人当过刺史。我本人也很快登上高位，出入宫廷，侍奉皇上。可我深知，不论是文是武，我都没有什么过人的地方。如果在人品上再不如人，那怎么立身处世啊！咱们杨家之所以有那么多人做到太守、刺史，不都是因为他们秉承杨家门风，做人还做得不错吗？”

杨椿越说越动情，最后又说：“你们兄弟一定要知礼守节，不奢侈，不堕落，不骄傲，不轻慢。宽厚行事，不争胜于人。我已是75岁的人了，希望你们能牢记我说的话，这样咱们杨家才会一代一代传承下去。我百年以后，也就没有什么可遗憾的了。”

家训格言

人有过失，非其父兄，孰肯诲责？非其契爱，孰肯谏谕？泛然相识，不过背后窃议之耳。君子惟恐有过，密访人之有言，求谢而思改。小人闻人之有言，则好为强辩，至绝往来，或起争讼者，有矣。

——宋·袁采《袁氏世范》

“家训之祖”

南北朝时期，颜之推（531～591年）所著的《颜氏家训》，是我国历史上第一部体系宏大的家训。颜之推为什么要写这么一本书呢？他自己说，他写这部书，不是为了什么“治国平天下”，不是为了扬名立万，只是为了养成良好家风，达到修身齐家的目的。

颜之推出身于一个家境颇好的士族大家，祖上据说是孔子的高徒颜回。父亲颜协在南朝梁王朝荆州刺史萧绎手下担任要职。不幸的是，父亲在颜之推八九岁时就去世了。失去了父爱的颜之推，似乎走了一段弯路，父亲离世后，颜家“家涂离散，百口素然”，他本人也变得“肆欲轻言，不修边幅”，直到十八九岁，才开始懂得生活的艰辛，于是发愤图强。

颜之推成年后，日子过得颠沛流离。开始是与萧绎一起，后被侯景俘获，坐了3年牢。出狱后萧绎登上帝位，短短两年又被推翻，颜之推又成了西魏政权的俘虏。被俘时一年多之后，他偷偷乘船带着家人逃到北齐，计划再由此绕道回到江南故国。但此时南梁政权已被南陈政权取代，故国已亡，家园何在？颜之推只好待在北齐，一待就是20多年。这期间，由于颜之推学识过人，倒也还受重视。但好景不长，北齐又被北周所灭，北周也没维系多久，又被隋朝所灭。

颜之推自从20岁被俘开始，已是经历了30年的乱世流离，跨越了南梁、西魏、北齐、北周、隋等多个朝代，真是“城头变幻大王旗”啊！颜之推从自己的亲身经历中悟到，越是乱世，家风就越重要。他看到太多的世家大族子弟，如同酒囊饭袋，面对外敌来犯时，胸无半策，要么投敌，要么被俘，结果都是被敌人驱遣如牛马，受尽耻辱仍不免一死。他的心中积蓄了太多太多的话想对自家子孙说。于是，他在50多岁时，开始撰写《颜氏家训》。此书分20篇，从勉学、教子、兄弟、治家等方面对家风之养成进行了全面而系统的论述，平实而贴近生活，没有落入故弄玄虚、空泛说教的俗套。成书不久，颜之推即撒手人间。

书中告诉子孙，一定要有真本事，守风操，一定不要投机取巧。颜氏后人谨守颜氏家训，专心治学，谨慎处世。颜氏家庭不仅在乱世中存续了下来，而且代有贤人出。

颜之推的长子颜思鲁、次子颜愍楚、三子颜游秦都是才德兼备之士，后来都得到新兴的大唐王朝重用。特别是三子颜游秦，在人心惶惶的乱世之中，以自己的善行高义感化乡邻，唐高祖李渊闻之特意下旨褒奖，后来为官

一方，造福百姓。

颜氏第三代子孙也都学问深厚、德行高洁，其中最为有名的是颜师古，在学术上有重要贡献，有大量著作传世。此外，颜家历代所重视的书法艺术，经过多年传承，到了这一代子孙，也开始展露出独成一派的迹象。那就是闻名后世的颜体。当然，颜体真正成熟之时，是颜之推的5世孙颜真卿之时。颜真卿除了以开创颜体重名史册外，还因固守平原郡而闻名于世。后来，他临免受命，充当使者，去与叛军谈判，年近八十，为叛军囚禁数月后杀害，成为唐朝有名的忠臣。

此后，颜氏子孙仍在默默地治学、报国，用自身的行动演绎着《颜氏家训》所倡导的平实而又凝重的家风。

家训格言

人之爱子，罕亦能均，自古及今，此弊多矣。贤俊者自可赏爱，顽鲁者亦当矜怜。有偏宠者，虽欲以厚之，更所以祸之。齐朝有一士大夫，尝谓吾曰："我有一儿，年已十七，颇晓书疏，教其鲜卑语及弹琵琶，稍欲通解，以此伏事公卿，无不宠爱，亦要事也。"吾时俯而不答。异哉，此人之教子也！若由此业自致卿相，亦不愿汝曹为之。

——南北朝·颜之推《颜氏家训》

裴子野的家风

颜之推在《颜氏家训》中提到一个叫裴子野的人。他自强自立，德行操守令世人赞叹。

裴子野出生于世族家庭，曾祖裴松之，南朝宋太中大夫；祖父裴骃，南齐中郎外兵参军；父亲裴昭明，南齐通直散骑常侍。曾祖的祖父裴昧官居光禄大夫。从裴昧到裴子野已经是第六代。

裴子野的父亲裴昭明，经历了南北朝时期宋、齐二朝。他是一个不置产业的人，很多人都不理解。裴昭明常对人说："人生何事须聚畜，一身之外，亦复何须。子孙若不才，我聚彼散；若能自立，则不如一经。"意思是说，人生为什么要留下财产呢？除了自身用度以外，还有什么开销。如果子孙没有才能，我聚他们散；若子孙能够自立，再多的财产还不如一本书。据《南史》记载，裴昭明历郡皆清勤，甚贫罄。齐武帝曰："裴昭明当罢郡，还遂无宅，我不读书，不知古人中谁可比之。"

裴子野家门第显赫，但裴子野从未依靠祖上的地位谋取一官半职。他年少时聪颖过人，勤奋好学，颇有才华，年轻时即开始步入仕途，初任南齐武陵王国左常侍，后为江夏王参军。父亲去世时，他辞官回乡守孝。其间，萧梁王朝兴起，取代了南齐王朝。萧梁初始，文学家任昉颇负盛名，很多文人投靠他的门下，请求他推荐做官。任昉是个爱才如命的人，对慕名来访的人，只要有真才实学，不论出身，他都会向上推荐。经他推荐的人，也几乎都会受到任用。因此，当时很多学子都愿意攀上这个"高枝"，任家门庭若市。此外，任昉的母亲是裴子野的堂姑母，两家是亲戚，但裴子野却不愿走这条捷径，他希望自己能够凭真才实学为国效力，为民效劳。裴子野守孝之后没有官职，却从不去拜访任昉，求其推荐自己，这让任昉觉得很不可思议。有人劝裴子野去拜访任昉，裴子野拒绝了，他认为此时去任家有攀龙附凤之嫌。

不久后，裴子野重新走上仕途。虽然仕途坎坷，但他凭借自己的才能，最终做到中书通事舍人。这在南北朝是陪伴皇帝左右的人，位高权重。他很受梁武帝的器重。梁武帝也很佩服裴子野的才学和品行修为。

南北朝时期文学领域受玄学影响很深，文章追求华丽，多有繁缛堆砌的毛病。唯裴子野“不尚丽靡之词，其制作多法古，与今文体异”。梁武帝看过裴子野的文章后说，看你的样子这样羸弱，文章却写得如此雄壮。此后朝廷的所有文件，都由裴子野起草，文风也由此大为改观。

在家中，裴子野的子侄对他“奉若严君”，十分敬畏。裴子野在即将离世时，还告诫子侄要“俭约，务在节制”，嘱咐后辈自立前行。

家训格言

裴子野有疏亲故属饥寒不能自济者，皆收养之。家素清贫，时逢水旱，二石米为薄粥，仅得遍焉，躬自同之，常无厌色。

——南北朝·颜之推《颜氏家训》

“遗子黄金满籝，不如一经”

“遗子黄金满籝，不如一经”这话的意思是说，与其留给儿子一堆黄金，还不如让儿子精通一本经书。这话是谁说的呢，是南北朝时期一代名臣徐勉（466～535年）。

徐勉官至吏部尚书、宰相，但律己极严，他还主张让子孙读书，不留钱财。在《梁书·徐勉传》中，收录了一封徐勉写的《诫子书》，翻译成白话文，大意如下：

我们家世代清廉，所以平常日子过得清苦，至于置办产业这件事，从来就没有提及过，不仅仅是不经营而已。自己亲身经历卑微辛苦，恰逢好的机遇，如今显贵的官职、丰厚的俸禄都有了，可我感到，这与其说是我自己的才干所致，不如说是仰仗先人的风范和福荫所至。古人说：要留清白给子孙。谁又能否认，清白，也是一笔很丰厚的遗产啊！

徐勉在世时常谈：“别人把财产留给子孙，我把清白留给他们。子孙如果有才能，就会得到财物；如果没有才能，有了也终究会失去。”当然，实际生活中，徐勉也不是仅是说教，他毕竟留给儿子“一经”即知识，也留给儿子一小块田，告诉儿子一定要亲力亲为，管好这一小块田。

“清简——清白、简单”，这就是东海郯县（今属山东临沂）徐氏家族的家风。

唐太宗《帝范》教子

在中国历史上开启“贞观之治”的唐太宗李世民，不仅政德光耀千古，他对子女的教育也是流传史册。

唐太宗作有《帝范》一书，里面讲到了做皇帝应该注意的各个方面。既是一代英主对马上争天下、马下治天下的一生总结，也是他对继任者、太子李治的告诫和嘱咐。所以也算是一部融理政、治国、为人、处事于一体的家训。

自从立李治为太子后，唐太宗对李治严加管教。贞观二十二年（648年）正月，唐太宗将自己御笔撰写的《帝范》十二篇赐给太子李治，并告诫他要一古代的圣者贤王为师。

李世民在《帝范》中教导儿子，身为君王，必须在农业生产方面身体力行，为广大百姓做出示范，才能调动人民的积极性。只要君王确立农业生产的制度，并且能以躬耕为乐，百姓就会效仿。这就是上行下效。

李世民还对太子说，舟好比人君，水好比百姓。水能载舟，也能覆舟。你将来会成为国君，一定要明白这一点。

李世民还曾对皇子们特别强调，要尊师重教，教诫皇子们见师如见父，不得因是皇子而有违师生尊卑礼制。一次，皇子的老师李纲因患脚疾行走不便，唐太宗特许李纲坐轿进宫为皇子讲学，还下诏令皇子迎接老师。对太子李治更是严格要求，不许他对老师有一丝不恭不敬之处。李治谨遵父训，表示一定铭记在心，永志不忘。老师每次讲课，李治都会恭恭敬敬地用心听课。

与其说《帝范》是李世民在教给儿子君临天下的方法，毋宁说这也是唐太宗留给子孙的家训宝典。要做一个好皇帝，先做一个好人。

家训格言

夫人者国之先，国者君之本。人主之体如山岳焉，高峻而不动；如日月焉，贞明而普照。兆庶之所瞻仰，天下之所归往。宽大其志，足以兼包；平正其心，足以制断。非威德无以制远，非慈厚无以怀人。抚九族以仁，接大臣以礼。奉先思孝，处位思恭；倾己勤劳，以行德义，此乃君之体也。

——唐·李世民《帝范》

姚崇的遗嘱

在唐代，姚崇（651～721年）可是个了不得的人物，他不仅做官做到宰相，还是历任武则天、唐睿宗、唐玄宗三朝的宰相，算是名副其实的三朝元老。他的3个儿子，个个都做到刺史一级的职务，曾侄孙姚合、5世孙姚勖，也都考上了进士，不论是学问，还是政绩，口碑都不错。这样一个兴盛了近百年的家族有着怎样一种家风呢？好在，今天我们还可以看到姚崇的《遗令诫子孙文》，答案或许就在其中。

纵观全文，其实不外乎以下几条：

一是要懂得功成身退的道理。姚崇以不少功成身退的古人为例，越是尊荣恩宠，越是加官晋爵，他越害怕，越忧虑。懂得功成身退，得懂得适可而止，尤其要懂得德不配位，灾祸必知。姚崇告诫子孙，自古至今，德行薄而权力重，这样的人能安享高寿，能无病无灾的，还从来没有过。

二要预为定分，以免纷争。姚崇说，他见到太多的达官贵人，身死之后，子孙为了争夺家产，闹得形同路人。所以还是在年老后先把分家的事做好，免得后人为财产争吵不休，才是比较明智的。

三是薄丧，不做佛事。唐代佛教盛行，死后大办丧事时，往往要花费大量钱财在佛事上。姚崇却明确告诉子孙，他死后不得厚葬，就用他平时穿的衣服，春夏秋冬各一套足矣。更不要花钱办佛事。姚崇还说，希望子孙以后，也这么来办丧事。

门第高不可恃

柳玭（？～895年）出自名门望族，做过南书右丞、御史大夫。祖父柳公绰，官至兵部尚书。父亲柳仲郢，当过节度使、刑部尚书，也是国家的栋梁。哥哥柳璧官至翰林学士、谏议大夫。柳家世代为官。祖母韩氏出身贵族。这样的人家，这样的子弟，还有什么可忧虑的呢？可柳玭却常常忧虑柳家的家运是否能否长久，还专门写了一部《柳氏家训》警喻子孙。

《柳氏家训》开篇便提出一个振聋发聩的观点：“夫门地高者，可畏不可恃。”这句话的意思是生于高门显姓的子弟，应该时刻提醒自己要有敬畏

之心，千万不可倚仗自己的出身肆意妄为。为什么门第高可畏不可恃呢？因为门第越高，则是非越多，树大招风，在修身及培养德行方面，如果有一事出错，则罪过要重于他人。“门高则自骄，族盛则人之所嫉。”即便自己有真才实学，他人也未必相信，即便相信也心怀嫉妒；而只要稍有不慎，出现一点小瑕疵，则“十手争指矣”。因此，世家子弟“修己不得不恳，为学不得不坚”。柳玭在这里提出这两条要求，就是要让柳家子弟必须在修身和做学问上下功夫，不可偏废其一。总之，想要世代依靠门第是行不通的，自己必须有真才实学和能力。

柳玭又具体指出了可致使家道败落的五大过失：第一，只贪图自身享乐，不注重静心自持。倘若于自身有利，则完全不管他人的非议。第二，不能精通儒家的学术精要，不懂得古人提倡的道德义理，对经书一无所知而又恬不知耻，谈论时政时观点幼稚，为人所笑；自身所知无几，又嫉妒别人的学识丰富。第三，厌恶比自己优秀的人，喜欢对自己阿谀逢迎的人。听到谁家传来了好事便心生不快，听到别人的坏事则大肆宣扬。第四，性格懒散，终日游荡，无所事事，过分贪杯嗜酒，以终日豪饮为雅事，以辛勤劳作为鄙俗。第五，汲汲于功名，巴结权贵。

柳玭强调：自身没有一技之长而希望能够获得重用，心中不存善念而希望能够得到他人的爱护，这是从来没有的事！

靠山山倒，靠水水干，只有自己的真本事，才是真正靠得住的。这，已为千百年的柳氏后人奉为真理，传为家风。

谨慎交友

【原文】

夫交友之美，在于得贤，不可不详。而世之交者，不审择人，务合党众，违先圣人交友之义，此非厚己辅仁之谓也。吾观魏讽，不修德行，而专以鸠合为务，华而不实，此直搅世沽名者也。卿其慎之，勿复与通。

——汉 · 刘廙《诫弟纬》

【译文】

交朋友的好处，在于得到贤能之人的帮助，因此交友时不能不慎重。而现在一些人交朋友，不审慎地选择对象，只是为了结党，违背了先代圣人交朋友的本义，这已不是那种为了促进自己增进仁德的交友了。我看魏讽这个人，不注重修养品行，却专门结交党羽，华而不实，他简直就是个扰乱社会、沽名钓誉的人，你可要谨慎，不要和他交往了。

一颗围棋子

中国古代那些名门大族，总是教育子孙，要慎重交友。唐代官吏吕元膺（749～820年）通过一颗围棋子，来教育子孙如何交友。据史载，吕元膺在做东都（今属河南洛阳）留守时，有一天，正与一位儒生对弈。这时下属送来许多需要他立刻批复的公文。正当吕元膺执笔批阅公文时，那位儒生以为吕元膺此时精力全在公文上，顾不上棋局，便偷偷地换了个棋子，最终赢了这盘棋。其实吕元膺已经瞧见了，而儒生却未觉察。结果到了第二天，吕元膺突然把儒生调离，府内外的人不明就里，而儒生对于为何调离自己也是一头雾水。吕元膺还赠送给儒生一些路费。

十几年后，吕元膺病得很重，他把子侄们叫到床前，对他们说："结交朋友，你们一定要精心选择。"接着他提起多年前为何调离那位儒生的往事。他说："当日一个棋子，也不值得深究，但此人的心术不正，我要是当场予以揭穿，恐怕他忧虑畏惧，假如一直不说，又怕你们丧失了知道此事的机会。"

吕元膺在临终前告诉子侄们这件事，是想让他们知道，要学会从细微之处观察、认识一个人的品德。虽然儒生只是偷偷换了一个棋子，算不得什么大事，但是连下棋这样的小事都要耍手段，反映出了他的人品，假如和这种人交上朋友，将会祸患无穷。子侄们含泪受教。

这个故事在吕家一代又一代地流传下来，慎重交友，也在不知不觉中成为吕家的家风。

一罐钱币

唐代尚书左丞、御史大夫李景让是一位声名不错的高官。李家的家风，就是自立、自强。这一家风的养成，与李景让的母亲郑氏有很大的关系。

李景让小时候，父亲就过世了，母亲郑氏拉扯着几个孩子，日子过得很艰难。尽管日子过得艰辛，郑氏对孩子们的要求却没放松。有一件事可以看出李家的家风。

有一年夏天，一场大雨后，家里的后山墙突然塌了，万幸的是人没伤着。郑氏带着孩子们在清理残垣断壁时，突然发现了一只封得严严实实的瓦罐。挖出来打开一看，全家都惊呆了：竟是满满一罐金银。

郑氏是如何处理这笔意外之财的呢？她把孩子们叫到祖宗牌位前，对他们说："这罐钱财，应该是咱们李家的祖上留下来的，我们要感谢祖宗的恩德。但我觉得，咱们不能用这笔钱。有道是，有钱难买少年寒，你们还是应该靠自己的努力，刻苦读书，学有所长，光宗耀祖。只是靠祖上留下的钱财过日子，坐享其成，是没有出息的，也不是我所希望的。"

李家的孩子都很孝顺懂事，听了母亲的话，几个孩子一起把这一罐子钱财又埋回地下。此后，谁也没提这罐子钱的事，只当从来没有发生过这件事。

试问：有这样有见识的母亲，有这样刻苦自立的儿女，这家的家风能不好吗？家风正了，子孙能不兴旺吗？

相互扶持的柳家家风

“唐宋八大家之一”的唐朝著名文学家柳宗元的父亲柳镇、母亲卢氏，非常重视家族关系。卢氏从小深受圣贤教诲，深深懂得家族乃至宗族成员中彼此帮助的重要性。

柳镇在做地方官的时候，卢氏不仅孝敬公公婆婆，而且对柳家所有的亲戚和宗族都以诚相待，无论哪个亲戚遇到困难，她都会尽心尽力给予帮助，因此柳家与整个宗族相处得十分和睦。她的贤良美德在邻里乡党之间有口皆碑。

柳镇升为御史后，调到京城任职。为了使丈夫在朝廷里能安心做事，卢氏和丈夫商量，将柳家所有的亲戚，包括侄子和外甥，统统接过来共同居住，这样彼此间可以互相照应、相互扶持。作为御史夫人，卢氏一点儿架子都没有。在这个大家庭中，她谨慎勤恳地做事，对每个人都关爱备至，对尊长恭恭敬敬，对晚辈心疼慈爱，对平辈视如手足。卢氏的顾全、周到，使整个大家庭充满和谐与温馨。

有一年遇上灾荒，又正值“安史之乱”，整个柳家随着逃亡的人群到了吴地，生活一下子变得十分艰难，经常衣食不足。面对困难，卢氏没有因为艰苦的环境和物质条件的改变而放弃对家族亲戚和宗族的照顾。在卢氏的精心安排下，这个大家庭的成员彼此照应，不离不弃。

在母亲的影响下，卢氏的两个女儿长大以后也都成为像母亲一样贤德的人。柳家的良好家风对柳宗元产生了很大的影响。正是在这样的家风熏陶下，柳宗元成为一名爱民如子的好官。

白居易的教子诗

唐代大诗人白居易（772～846年），58岁时才有了一个儿子，取名阿崔。白居易高兴地写了一首诗，说是“岂料鬓成雪，方看掌弄珠”。意思是说我头发都白了，才有了这颗掌上明珠。然而让人没有料到的是，阿崔3岁就夭折了。年过花甲的白居易说：“欲题崔字泪先垂。”一写到“崔”字，眼泪都下来了。此后，白居易就把精力都放在侄儿们的教育上，写有多首“示子弟”诗。其中最著名的一首，是《遇物感兴因示子弟》诗：

圣择狂夫言，俗信老人语。我有老狂词，听之吾语汝。
吾观器用中，剑锐锋多伤。吾观形骸内，骨劲齿先亡。
寄言处世者，不可苦刚强。龟性愚且善，鸠心钝无恶。
人贱拾支床，鹘欺擒暖脚。寄言立身者，不得全柔弱。
彼固罹祸难，此未免忧患。于何保终吉，强弱刚柔间。
上遵周孔训，旁鉴老庄言。不唯鞭其后，亦要轭其先。

这首诗翻译成现代汉语，大意是这样的：

圣人往往选择性听取狂夫之言，民间也常常信服老年人的话语。我有几句老年人所谓“疏狂之言”，说给你们这些晚辈。我看到，器物之中宝剑越是锋利，却容易铧钝剑锋；我看到，人体之中牙齿却最先落光。所以，我要寄语那些在社会上行走之人，不要过于刚强。乌龟的本性愚钝而且善良，斑鸠内心迟钝从不为恶。但是，人们往往轻贱乌龟，把它们抓来垫床脚；鹘鸟也常常把斑鸠擒来暖脚。所以，我要寄语那些立身的人，不要一味柔弱。因为，过于刚强固然会罹患灾难，而过于软弱也难免祸患。那么，如何才能够确保长久平安呢？我想就是要刚柔并济、随机应变。就要既遵守周公、孔子的遗训，又要懂得老子、庄子的箴言。不要等到祸事临头为时已晚，而要事先觉察自己的问题才不至于被动受制。

白居易告诫晚辈，即使高中状元，也不可目中无人。人，既不能自高自大，也不能妄自菲薄。在《狂言示诸侄》《闲坐看书贻诸少年》等诗中，他又告诉孩子们，要乐天知命，并参透名利关、贫富关、毁誉关等。所谓“名是锢身锁”“利是焚身火”“勿慕贵与富，勿忧贱与贫”……

窦燕山教五子

五代末、宋朝初的窦禹钧，是蓟州渔阳（今属天津）人。渔阳属古代的燕国，地处燕山一带，因此，后人称窦禹钧为窦燕山。《三字经》中“窦燕山，有义方，教五子，名俱扬”说的就是窦禹钧教子有方的故事。

窦禹钧富甲一方，为富既仁且义。窦家有一仆人，盗用了窦禹钧2万银钱，恐怕给主人发觉，就写了一张债券系在自己小女儿的臂上，券上写“永

卖此女，与本宅偿所负钱”，仆人从此远逃他乡。窦禹钧知道了这件事，认为这个仆人是故人，用以抵债的女孩也是故人之女，于是把仆人所写的债券焚毁，还收养了这个仆人的女儿，将她抚养成人。女孩长大后，窦禹钧还替她备了嫁妆，风风光光将其嫁了一位贤婿。仆人听闻窦禹钧如此大义，赶紧回来谢罪。窦禹钧原谅了他，前事一概不提。

窦禹钧一生做的好事很多，例如亲友中有丧事无钱买棺者，他出钱买棺葬殓；有家贫子女无法婚嫁者，他出资助其婚嫁，使外无旷夫，内无怨女；对于贫困得无法生活的人，他借钱给他们，使他们有做生意的资本，各地穷人由他帮助而得以维持生活的，不可胜数。

窦禹钧仗义疏财，救苦济人，自己的生活却很俭朴，每年量一岁的收入，除了供给家庭必要生活费用外，都做救苦济急之用。他还建立书院40间，聚书数千卷，礼聘品学兼优的老师，对于无钱的贫苦子弟，代为缴纳学费，先后培养造就了很多学问高深的优秀人才。

窦禹钧努力修身积德，他的行为举止给了孩子们很大的影响。窦家和睦雍熙，满门孝顺。5个儿子都先后中了进士，在朝廷担任要职，真正是“五子登科”。还有8个孙子，也都很贵显。窦禹钧成为教子有方的典范，正是他的世家风范造就了圣贤后辈。

两浙第一世家

耳熟能详的《百家姓》中第一句便是：赵钱孙李。排在第一位的“赵”是当时宋朝的国姓，排在第二的就是“钱”家了。而钱家最兴旺的就是五代十国时期吴越国王钱镠（852～932年）这一支。人称“千年名门望族，两浙第一世家”。

钱家奋进历代，均有人杰，如宋代的钱易、钱昆，明代的钱福、钱士开、钱谦益，清代的钱大昕、钱名世、钱曾等等。到了近代，钱家的人才更是出现了“井喷”现象，如钱学森、钱伟长、钱三强、钱穆、钱钟书、钱玄同。据统计，当代仅为科学院院士的钱氏名人，就有100多位，分布于世界多个国家，如与钱学森一辈的钱学榘，两个儿子都是美国科学院院士。

钱氏家族如此兴旺，奥秘在哪里呢？其实，钱家人自己说得好：“我们钱氏家族代代克勤克俭，对子孙要求极严，或许是受祖先家训的影响。”钱家人的家风都很正，学习的目的性非常纯洁，他们对读书的热爱不是为了学历或者将来的待遇，是完全对知识的追求和热爱。

集中全力去做自己喜欢的事，怎么可能不成功呢？这或许就是这个千年兴旺家族的奥秘所在吧。

宰相的家风

北宋时的谏议大夫陈省华（939～1006年），受到世人的敬重。这不仅是因为他官大，更是因为他有一个好家庭，3个儿子个个成才。在当时，他简直成为修身齐家治国平天下的典范。他是怎么教育孩子的，陈家又有怎样的家风呢？

老大陈尧叟当年可是考了进士第一，也就是俗称的状元，官做到同平章事、枢密使，后来升任宰相。他的夫人是当朝工部尚书马亮的女儿。这位当朝大员之女，在家很受娇宠，从小到大，未下过厨房。嫁到陈家，却每天得跟着婆婆下厨房做饭，很不习惯，不由得对丈夫抱怨说：“你是当朝宰相，

我是宰相夫人，还得天天下厨房做饭，烦死人了。你去跟父亲说说，别让我下厨房了。”陈尧舆摇摇头说：“我可不敢去说。”妻子见丈夫不肯去说，回娘家时又和父亲马亮说了这事。马亮一听自己的宝贝闺女天天要下厨房，多少也有点儿不高兴。一天，他上朝路上碰见陈省华，便说起这事。陈省华耐心地解释说：“您的女儿只是跟着我那老妻在厨房打打下手罢了。她年纪轻轻的，不下厨房，难道让她婆婆一个人做吗？”马亮听罢很是感动，忙向陈省华赔礼，儿媳无法，只好继续跟着婆婆做饭。久而久之，在陈家人的影响下人变得勤勉、通情达理了，和婆婆的关系也越处越好。

老三陈尧咨，也是状元，做官做到翰林学士、武信军节度使。他年轻时，曾把家里一匹劣马卖给了一个不知底细的客商，自认为给陈家做了一件好事。没想到陈省华知道后，十分生气，厉声训斥道：“那匹马在咱们家，调教多年都没调教好，你卖给人家，又不告诉真相，万一人家被马踢伤了，怎么对得起良心？这不是嫁祸于人吗？圣人说‘己所不为，勿施于人’，怎么忘了呢？快去把马给我追回来！”老三听了父亲的话，知道自己做了错事，忙骑马跑去追买马的客商。追上后，他诚恳地道了歉，又把马牵了回来。

陈省华官居相位，对儿子从未有丝毫放纵。凡有宾客来访，3个儿子必恭恭敬敬站立左右，聆听教诲。每谈及朝廷政事，陈省华都会强调，要为朝廷尽忠，为百姓谋福祉。陈省华的妻子冯夫人对儿子也十分严厉，即使儿子做了高官，只要有错，她都要施以杖击。陈家被誉为“一门三宰相”，与这极严的家风密不可分！

“圣相”的谦逊家风

北宋名相李沆（947～1004年），为官清廉，为人谦逊，虚怀若谷，虽然身居高位，但在后辈面前仍然非常谦恭有礼，从不倚老卖老，以势压人。

有一次，一位年轻的书生在路上拦住李沆的马头，递上一封书信，信里言辞不恭，都是指责李沆的所谓错误与过失。李沆接过书信大致看了看，并没有发怒，而是非常谦逊地说：“等我回去之后，一定会详细地看你这封信的。”没想到，年轻书生并不罢休，继续说道：“你当这么大的官，一不能够帮助老百姓办事，使百姓安居乐业；二不懂得尚贤，不把官位让给贤能之士，你不感到惭愧吗？”即使年轻书生如此咄咄逼人，李沆仍旧没有发怒，而是恭敬谦逊地表示：“我多次向皇上请辞，怎奈皇上一直没有同意，我又不敢擅自做主，所以就没有退下来。”

李沆的谦逊恭顺，使得上自皇帝，下至平民百姓，都视他为楷模。他因病去世时，宋真宗十分悲痛，亲自前往拜灵，痛哭着对左右说：“沆为大臣，忠良纯厚，始终如一，岂意不享遐寿！”同朝名相王旦也叹曰：“李文靖真圣人也。”此后，人们就称李沆为“圣相”。

李沆告诫子孙，做人一定要谦逊，不管别人说什么，也不管别人说得对不对，都不要生气，更不要急于反驳，有则改之，无则加勉，要仔细思考对方提出的问题。如果自己确实存在过失，就要改正过来；如果对方是有意诽谤，也不必介意，因为时间会证明一切。他的这种谦逊精神感染了子孙后辈，整个家族都形成谦逊的风气。

教育侄辈，传承家风

历史上，教育侄辈也是家风传承中的一部分，古代士大夫常常不遗余力地对侄辈给予无微不至的教导和照顾。

北宋名相王旦（957～1017年）的家族中有多名位高爵显的官员。这些人身上都有一种世传不衰的贤良品质，为世人所称道。

在王氏家族优良敦厚的家风形成与传承方面，王旦的作用至关重要。王旦任宰相之前，其兄王懿就已去世，王旦便成为家族中的长者。王旦胸襟宽广，待人和气，在家族中，他对寡嫂敬重有加，对幼弟王旭爱护备至。每当王旭做了错事，他从不大声呵斥训教，而是和颜悦色地给他讲道理，促其自我反省。

王旦当了宰相后，为了避嫌，让弟弟王旭、自己的儿子和女婿都放弃了升任要职的机会，亲戚不但不能沾光升迁，反而要屈就低位。这样当然会影响一生的前程，但全家人都欣然接受，做到这一点，完全凭借优良的家教。

王旦的侄子王质，从小就十分崇拜伯父的为人，长大后时时处处以伯父为榜样，在治家上，也颇有伯父遗风。《宋史》中提到王质，说他“为人至孝至睦”，范仲淹则说他“厚于宗族，每拳拳焉，忧乐同之”。王旦去世后，他的儿子王素调任边关，王素担心母亲年迈，儿子尚幼，家中无人照顾。王质请求皇上让他代替堂兄戍边，可是皇上没同意。于是，王质让自己的儿子随王素到边关赴任，一路照应，自己则在家照顾王素一家老小，担起对尚年幼的侄子的教养之责。

家风之贵，贵在相传不衰。王氏兄弟间不遗余力地相互体谅，照顾侄辈，堪称古今楷模。

“此吾先君之志也”

欧阳修（1007～1072年），北宋政治家、文学家，在政治上负有盛名。后人将其与韩愈、柳宗元和苏轼合称“千古文章四大家”。

欧阳修有海纳百川的容人雅量。他对有真才实学的后生极尽赞美，竭力推荐，使一大批当时还默默无闻的青年才俊脱颖而出，名垂后世，堪称千古伯乐。这其中不但包括苏轼、苏辙、曾巩等文坛巨匠，还包括张载、程颢、吕大钧等旷世大儒，与欧阳修的学识、眼光和胸怀均密不可分。欧阳修一生桃李满天下，包拯、韩琦、文彦博、司马光，都得到过他的激赏与推荐。“唐宋八大家”中的宋代5人均出自欧阳修的门下，而且都是以布衣之身被他相中，得他提携而名扬天下。

即便对自己的政敌，欧阳修也有着令人难以想象的雅量。当时的官场上，吕夷简是当朝宰相，位高权重，但欧阳修厌恶他任人唯亲，从不放过指责他的机会。吕夷简有4个儿子，其中最疼爱三儿子吕公著。欧阳修曾写了一篇《荐王安石吕公著札子》，赞扬吕公著“器识深远，沉静寡言，富贵不染其心，利害不移其守”，专门向仁宗皇帝推荐吕公著。

欧阳修在河东为官时，因保定叛乱，主谋被杀后，官府还抓捕了2000多名从犯。当时的宣抚使富弼担心日后生乱，主张将从犯处死。欧阳修说：“祸莫大于杀已降，况胁从乎？既非朝命，脱一郡不从，为变不细。”保全了从犯的性命。

对待他人要克制忍让，不可怀有仇恨，为人处世要十分宽容——欧阳修这些做人的境界来自父母的家风熏陶。

欧阳修出生于绵州（今四川绵阳），当时他父亲任绵州军事推官，负责当地各种案件。欧阳修的父亲非常敬业，常常在夜里看案卷，有时不免为罪犯叹息。欧阳修的母亲问丈夫为何叹息，丈夫说：“这个案犯犯了死罪，我想替他求生却又束手无策。每一个犯人，我都想尽量替他求一条生路，除非实在没有办法了，那就证明此人该死，我与他就都没有遗憾了！”

欧阳修出生时，父亲已经56岁了。他4岁时父亲就去世了，孤儿寡母只得到湖北随州去投奔欧阳修的叔叔。叔叔家不是很富裕，欧阳修与母亲郑氏相依为命。好在母亲郑氏是受过教育的大家闺秀，用荻秆在沙地上教欧阳修读书写字，教给他做人的道理。父亲的故事就是母亲讲给他听的，这对欧阳修“天性仁恕”的性格形成有至关重要的影响。他成人后为官办案，尽量从宽，不是故意杀人的罪犯，都尽量为他们求生路，并说“此吾先君之志也”。

司马池严以教子

司马池（980～1041年），是北宋著名政治家、史学家、文学家司马光（1019～1086年）的父亲。1005年中进士，授永宁主簿，兼侍御史知杂事，更三司副史，其后历任河中、同州、杭州、晋州知府。他教育儿子最重要的一点就是不能撒谎。

司马光6岁那年，一天，哥哥司马旦拿了一个生核桃，想去掉它的皮，可费了半天劲儿也去不掉，就把它扔了。一个婢女把这个核桃捡了起来，放在

开水里煮了一会儿，然后拿出来用小刀轻轻一刮，核桃皮就去掉了。婢女把去了皮的核桃交给了司马光，司马光拿着这个去了皮的核桃跑出去对哥哥司马旦炫耀：“这核桃皮是我去掉的。”

正巧父亲司马池回家，发现司马旦就核桃如何去皮一事纠缠不休，就了解原委。当父亲知道是司马光撒了谎，就把他叫来，严厉地训斥：“小孩怎么能撒谎骗人呢？事情到底是什么样的，就该怎么说。”司马光看到父亲生气了，听到父亲的严厉责备，知道自己错了，低声说：“孩儿知错了，以后再也不撒谎了。”

看到儿子承认了错误，司马池转怒为喜，他疼爱地摸着司马光的头，意味深长地说：“做人最要紧的是诚实，一个人如果不诚实，人家就不相信你，失信于人，就不会有威信，也就什么事都干不成了。”

从那以后，司马光始终牢记父亲教诲，时时处处要求自己实事求是，长大成人后还将其作为家训教育子女。有一次，司马光叫家人把家里一匹有病的马拉出去卖掉。他担心家人忘掉诚实的家训，一再嘱咐：“这是一匹病马，一到夏天就干不了活了，如果有人愿意买它，你可得实事求是把情况告诉人家。”这表明，诚实的家风美德传给了子孙后辈。

家训格言

惟俭可以助廉，惟恕可以成德。

——宋·范纯仁

司马光俭朴传家

司马光是北宋时期的大政治家、大史学家。司马光的父亲司马池就为官清廉，勤政爱民，生活十分朴素。他家一贯粗茶淡饭，绝不奢华。即使招待上等官员，也只是用当地的山果、土产的蔬菜，而且也只限于三五道菜。父亲的俭朴影响了司马光的一生。

司马光为官50多年，官拜宰相，按理说他应该很富有，其实并不是这样。他有一位老友刘蒙从河北到了当时的京城开封，以父母无钱安葬，弟妹嫂侄需要抚恤为由，开口就向司马光借万钱。对此司马光回信一封："我司马光一贯小心谨慎，简朴为官，一分一毫也不敢妄取于人，食不敢常有肉，衣不敢有锦帛，视地而后敢行，顿足然后敢立，连亲属故旧都拿不出钱来帮

助，哪来的钱给您啊！”

司马光做官几十年，只在洛阳有田三顷。他在洛阳时，好友范镇从许州来看他，走进屋内，除见到四壁的书架上摆满图书之外，别无他物。床上的被服更让人感到寒酸，布料早已褪色，补丁连补丁。范镇深感司马光太清苦，返回许州后，让夫人做了一床被子，托人捎给司马光。司马光非常感动，在被头上用隶书端端正正地写上：“此物为好友范镇所赠”，一直盖到去世时。病逝前，他给儿子司马康遗嘱：死后仍穿平时的衣服，盖上这床被子，并奏明皇帝，国家财力困乏，不要实行国葬，将他的灵柩运回老家，予以薄葬。

在洛阳工作时，司马光常常往返于洛阳、夏县两地看望故乡的亲人，沿途州县得知司马光回乡，出于对司马光的敬重，都想招待一番。司马光千方百计绕过官衙，即便遇到也婉言谢绝。有一次，陕州知府刘仲通打听到司马光要路过，因政见相同，很想与他聊聊，便早早派人在路口等候。不久，差人报司马光绕城而过，已快到茅津渡口。刘仲通急忙派人带着几坛好酒追至渡口。司马光语重心长地说：“我不是要拒绝刘大人的一片好心，但沿途许多百姓连饭都吃不饱，用野菜充饥，我无法安心地享受这美酒佳肴……”此后，再无官衙为司马光设宴、送礼。

随着司马光职位的升迁，有不少人想通过他捞些个人好处。为避免此类“人情”，他在自家客厅内贴了一张告示。告示中写道：凡来者若发现我本人有什么过失，想给予批评和规劝，请用信件交给我的书童转我，我一定仔细阅读，认真反思，坚决改正；若为升官、发财、谋肥缺，或打算减轻罪名、处罚，请一律将状子交到衙门，我可以和朝廷及中书省众官员公议后告知；若属一般来访，请在晤谈中，休提以上事宜。

司马光在一篇文章中曾写道：“由俭入奢易，由奢入俭难。”司马光一生正是按此来要求自己的。

司马光敬兄

兄弟关系的好坏，尤其是长大成家后，是宗族和睦与否的关键。换言之，兄弟关系的好坏，也足以见证先辈家风的良莠，是能否形成优良家风的关键。古人特别重视兄弟关系，视为“手足”。

司马光一生忠于朝廷，孝顺父母，友爱兄弟，流传千古。

司马光的哥哥司马旦，袭父爵，为秘书省校书郎。司马光对哥哥极其敬重，照顾哥哥巨细靡遗。他每次返乡探亲，总会去探望兄长。哥哥80多岁的时候，体质羸弱，司马光如同孝敬父亲一样，尽心尽力侍奉兄长。哥哥消化不佳，要少食多餐，因此每当吃完饭不久，司马光就会亲切地问候哥哥：“您饿不饿呢？要不要再吃点儿什么？”无微不至，时刻关注。

每当季节交替，气候变化不定，忽冷忽热，司马光常常像按摩一样，轻抚兄长后背，关切地问道：“哥哥，您冷不冷，要不要添加衣服呢？”曾是高官的司马光时时刻刻都关心着哥哥的衣食冷暖，既体现出兄弟间的深厚情谊，也传递了温馨感人的家风。

家训格言

由俭入奢易，由奢入俭难。

——宋·司马光《训俭示康》

为人子之道

【原文】

夫人为子之道，莫大于宝身全行，以显父母。此三者人知其善，而或危身破家，陷于灭亡之祸者，何也？由所祖习非其道也。夫孝敬仁义，百行之首，行之而立，身之本也。孝敬则宗族安之，仁义则乡党重之，此行成于内，名著于外者矣。

——三国·王昶《诫子侄文》

【译文】

人为子之道，没有比爱惜自己的身体、行事端正、为父母争光更好的了。世人都知道这三点的好处，然而有些人危及自身、家破人亡，陷入灭顶之灾，这是为什么呢？因为他所遵行效法的准则不对。孝顺、恭敬、仁爱、道义是行事的准则，按照这些准则来为人处世，是立身在世上的根本。孝顺、恭敬就会使宗族内部安宁和睦，仁爱、道义就会受到相邻的爱戴与看重，这样自己就会在宗族、相邻之内有所成就，而名声显扬于外。

范家的清正门规

北宋著名政治家、文学家范仲淹（989～1052年）家境贫寒，年轻时生活极其艰难。他曾在寺庙里念书，经常煮一锅粥，待粥冷，凝固成块，就用刀将其切成4块，每天早晚各吃一块。这样贫困的生活维持了3年。少年时的苦难使他深有感悟，心中始终有救济贫苦者的愿望。这和他后来“先天下之忧而忧，后天下之乐而乐”一脉相承。

在当地方官时，范仲淹经常拿出俸禄的一部分来救济贫苦百姓。他在《告诸子及弟侄》中说道：“吴中宗族甚众，于吾固有亲疏，然吾祖宗视之，则均是子孙，固无亲疏也，吾安得不恤其饥寒哉。且自祖宗来积德百余年，始发于吾，得至大官，若贵富而不恤宗族，何颜以入家庙。”

范仲淹虽然位至一人之下、万人之上的宰相，为官依然谨守官道门风，丝毫不因私废公。他的哥哥范仲温曾要求他给侄儿谋个一官半职，范仲淹给哥哥写了一封回信。他在信中指出，要督促侄儿发奋学习，每天必须苦读勤学，绝不能让他们有丝毫懈怠。只有等到他们学有所成，自己才能向朝廷请示给他们安排职务。两个侄子按照他的要求，发奋学习，品行端正。学业有成后，经范仲淹推荐，朝廷按照典章惯例给予恩荫入仕。范仲淹立即写信告诫他们：“汝守官处小心不得欺事，与同官和睦多礼，有事只与同官议，莫与公人商量，莫纵乡亲来部下兴贩，自家且一向清心做官，莫营私利。”

子孙后辈始终谨守范家的清正门规，范仲淹的4个儿子均聪颖非凡、德才兼备，孙辈以下各代都达显贵，绵延不绝。

范仲淹教子善待他人

范仲淹在《岳阳楼记》中留下“先天下之忧而忧，后天下之乐而乐”的千古名句。这一忧一乐、一先一后，道出了他以天下为己任、以黎民百姓忧乐为己忧乐的仁者情怀。

史载，范仲淹曾资助过许多贫困的文人或下属。范仲淹在睢阳担任学官时，有个孙姓秀才在路上拜见他，范仲淹就送给他一千钱。一年后，孙秀才又在睢阳路边拜见他，范仲淹又送给他一千钱。范仲淹发现孙秀才言谈举止不俗，便问他乞讨的原因，才知其因家里有老母，每天要乞讨一百钱才能供养母亲。范仲淹决定在学校给孙秀才找一份差事，既能读书，又能拿一份收入奉养老母。孙秀才感激涕零。

范仲淹晚年时，捐出积蓄，设立义庄，资助族人尤其是穷苦人家。范仲淹这种友爱百姓、助人解决燃眉之急的家风，也传承到了儿子范纯仁身上。

一次，范仲淹让儿子到苏州去运一船麦子。范纯仁载着麦子返回时，在丹阳暂做停留，碰巧遇见小有名气却生活贫困的文人石曼卿。范纯仁问他为何停留在此，石曼卿说，因亲人去世，无钱运灵柩回家。范纯仁听了，便将余下的银两送给石曼卿当回家的盘缠，还将一船麦子送给了他。

回家后，范纯仁担心无法向父亲交代，自己会受责罚，不敢提及此事。直到范仲淹问他这次是否路遇新老朋友时，范纯仁才将石曼卿之事和盘托出。范仲淹听了立刻说：“既然他如此艰难，你为什么不把麦船也送给他呢？”范纯仁一听，这才放松下来，告诉父亲：“我已经把麦船送给他了。”

家风成就的“布衣宰相”

北宋名臣范仲淹的儿子范纯仁（1027～1101年），人称“布衣宰相”，是一位以宽容为怀、愿意容人过错的圣贤。

范纯仁性格平易宽厚，从不疾言厉色对待他人。他曾说：“我平生所学，得益忠恕二字，一生受用不尽。以至于在朝廷侍奉君王，交接同僚朋友，和睦宗族等，不曾有一刻离了这两个字。”亲族中有人向他请教为人处世的学问时，范纯仁说：“惟俭可以助廉，惟恕可以成德。”意思是说，只有勤俭可以帮助廉洁，只有宽恕可以成就美德。这位亲属把这句话当成座右铭，端端正正地写在座位两边。

范纯仁曾任齐州知州，齐州的民俗凶暴强悍，百姓任意偷盗劫掠。有一处掌管刑狱的衙门常常关满了囚犯，都是犯了盗窃罪行的屠夫商贩之类的人，关押在这儿督促他们赔偿。范纯仁问：“这些人为什么不让他们保释后缴纳呢？”通判说：“如果这些人被释放，就又会作乱，官府往往会等他们因疾病死在狱中，这是为民除害啊。”范纯仁说：“依照法律，他们所犯的罪不至死，却因这样的意愿而杀死他们，这难道是依法处理吗？”范纯仁将他们全部叫到官府庭前，训诫他们改正错误，重新做人，就把他们都释放了。有人认为这种情况严厉处置尚不能止息，范纯仁却一概宽以待之，恐怕那里需要整治的违法乱纪事情不能穷尽了。范纯仁说：“宽容出于人性，如果极力地严惩，就不能持久；严惩而不能持久，以此来管理凶暴的百姓，这是造成刁顽的方法啊。”等到满了一年，齐州的盗窃案件比往年减少了大半。

范纯仁做了宰相后，仍恪守家风，所得俸禄也像父亲范仲淹一样，用来资助义庄，帮助族人。史家说他“位过其父而有父风”。范纯仁还以忠恕教育子弟，告诫子侄辈说：“即使是非常愚笨的人，要求别人时却是很清楚的；即使是绝顶聪明的人，宽恕自己时也是糊涂的。如果能用要求别人的心思要求自己，用宽恕自己的心思宽恕别人，就不用担心自己不会达到圣贤的境界。”

家训格言

吾平生所学，得之忠恕二字，一生用不尽。以至立朝事君，接待僚友，亲睦宗族，未尝须臾离此也。

人虽至愚，责人则明；虽有聪明，恕己则昏。苟能以责人之心责己，恕己之心恕人，不患不至圣贤地位也。

——宋·范纯仁

包青天，清白世家

在中国，知名度最高的清官，恐怕非北宋的包拯（999～1062年）莫属了。包拯官至礼部尚书，为官清廉，铁面无私，人称“包青天”。据史书记载，包拯治家极严，亲自写下家训：“后世子孙仕宦，有犯赃者，不得放归本家。亡殁之后，不得葬于大茔之中。不从吾志，非吾子孙。”意思是说，包家子孙，做官不能贪赃枉法，违者开除族籍，死后也不得葬入包家墓地，不遵从此家训，就不是包家子孙。

为了避免子孙后代将这一严厉的家规当作耳边风，包拯命家人请工匠，把这则家训刻在石碑上，立在堂屋东壁，子孙后代随时都可以观读。此家训与千百年来百姓对包公作为清官楷模的传诵，相辅相成，相得益彰。

包家后人，谨守祖训。包拯长子包繶、次子包绶、孙子包永年，都是为官清廉，两袖清风。包永年任县令，去世后连办丧事的钱都没有。人们“相顾嗟叹”，赞誉说：“包公之后，信乎有是贤孙了。”

家训格言

责得人深者，必自恕；责得己身者，必薄责于人。盖亦不暇责人也。自责以至于圣贤地面，何暇有功夫责人？见人有片善，早去仿学他，盖不见其人之可责，惟责己也。

——元·许衡《许鲁斋语录》

以孝悌传家的濮阳李家

孝，是指孝顺父母；悌，是指兄友弟恭。河南濮阳有一户姓李的大户人家，世代以孝悌传家，孝悌，就是这家人的家风。

北宋名臣李迪（971～1047年），家境贫寒，靠左邻右舍常接济度日，简直可以说是一个吃百家饭长大的苦孩子。少年时的贫苦，并未让他成为仇恨社会的人，而是心中充满动力，充满善良。他在宋真宗景德二年（1005年）考中状元，两度官至宰相。其子侄李柬之、李肃之、李承之均为进士，孙子李孝基再中进士。李家遂成当地名门望族。

外人对这家人的印象，就是父慈子孝，兄友弟敬。李迪在官场上遭贬时，儿子李柬之伴随左右。李孝基为孝养父母，主动放弃官场前途，请求任闲职俸养父母。李承之年幼时父母早亡，是哥哥李肃之抚育成人，成年后视兄如父，爱兄子如己出；升迁时，请求皇上把官职先给其兄；对官家子弟有照顾时，也把照顾名额给了哥哥的儿子。也难怪宋神宗在召见李承之时，说："卿家可谓一门忠孝。"还说李家真是"父子忠孝，兄弟显人"。在听到李家兄弟，互相谦让、互相帮助的事情后，宋神宗感叹，这家人真是"卿兄弟孝友，足厉风俗"，认为李家的家风，是官员和百姓的好榜样。

家训格言

见老者，敬之；见幼者，爱之。

——宋·朱熹《朱子家训》

名字中的家风

说起唐宋八大家中的“三苏”，或许大家并不陌生。他们就是北宋初年的苏洵（1009～1066年）和他的两个儿子苏轼（1037～1101年）、苏辙（1039～1112年）。苏洵为什么给两个儿子如此取名呢？苏洵写过一篇文章叫《名二子说》，意思是说，轼，指马车上的扶手。这个孩子虽然才智过人，但身为父亲担心他不会隐藏锋芒，招致祸患。故而给他起名叫“轼”，意思是让他懂得低调，甘心做别人的扶手。而辙，指车轮碾轧形成的印儿，虽然默默无闻，但“善处乎祸福之间也”。

原来，苏洵看到两个儿子聪明可爱，希望他们日后为人处世，根据自己的性格扬长避短。锋芒毕露的苏轼和稳重低调的苏辙，如能互助互保，或许还能让苏家这辆“马车”，走得更远。

苏洵的预感成为现实。两兄弟均在20多岁就一考成名，步入官场，也果然都卷入了官场险恶的“党争”之中。苏轼生性旷达，论事激烈，已落入他人掌心尚不自知。苏辙是从朝中朋友那得到消息，赶快送信，但可惜为时已晚，苏轼被捕入狱，苏辙又上书愿免去自己一切官职，为兄长赎罪。结果兄弟二人双双被贬出京。天各一方的兄弟俩，经常通信，互相勉力，留下了许多传世名句。

后来，兄弟俩曾一度重返京城，但好景不长，先是苏轼先被贬至海南岛。苏辙虽仕途平坦，却连续上书4次，要求也兄长一同外贬，未被准许。后来，他因事触怒皇帝，被贬至广东雷州半岛，与兄长隔海相望。

兄弟二人在同赴流放地的路上，见了他们一生中的最后一面。这时他们已是年逾60，想起幼时父亲写的那篇《名二子说》，一定感慨万千！真是知子莫如父，果然如父亲所料，兄弟二人均步入官场，也果然如父亲所想，官场险恶但兄弟二人始终相伴。也算是能告慰九泉之下的父亲了。

后来，苏轼在北归途中病逝。死前为见不到弟弟而深感遗憾并留下遗言：后事由弟弟操办。

苏辙含泪一手操办了兄长的丧事，并承担起抚养苏轼子孙的重任。要知道，古时都是大家族，苏轼的子孙加上苏辙自己的子孙，竟达上百口人。而苏辙本人，已是一个年近70的被贬官员，没有多少收入，家中的经济窘况可想而知。好在两家子孙在长辈低调做人、手足扶持的家风熏陶之下，父慈子孝、兄友弟恭、互相谦让、和睦相处，虽然日子清苦，但是一家人却也过得十分祥和。

苏轼去世11年后，苏辙也病故了，依照他的遗言，被安葬在哥哥墓边。后来，苏氏后人又在此修建了苏洵的衣冠冢，“三苏”至此团聚在了一起。而那种兄弟同心、同进共退、友爱弥笃的家风，则一代又一代地传承了下来。

《寒窗课子图》

宋代时有个叫寇准（961～1023年）的人，小的时候，家境并不宽裕。他母亲常常一边纺纱，一边教寇准读书，督导寇准苦学成才。寇准读书十分刻苦，19岁进京应试就一举就中了进士。喜讯传到家乡，寇准的母亲正身患重病，临终前她把亲手画的一幅画交给忠心的老家仆，说："寇准日后做官，如果有错处，你就把这幅画给他。"

后来寇准做了宰相，为了庆贺自己的生日，他请来了两台戏班，准备宴请同僚。老家仆认为时机已到，便把寇母的画交给他。寇准展开一看，是一幅《寒窗课子图》，画的是在凛冽的北风中，一位母亲正在督促儿子读书的情形。画上面写着一首诗："孤灯课读苦含辛，望尔修身为万民；勤俭家风慈母训，他年富贵莫忘贫。"寇准再三拜读，不觉泪如泉涌，于是立刻撤去寿筵。此后，寇准洁身爱民，秉公无私，成为宋朝有名的贤相。

寇准的母亲在他小时候以勤劳的行为给寇准树立起了良好的榜样，在他事业有了成就，开始安于享乐的时候，又适时地提醒他，不要忘了"勤俭家风"，要勤于政事，为国为民，这样的母爱才能成为引导儿子始终走在正道上啊！

家训格言

众人皆以奢靡为荣，吾心独以俭素为美。

——宋·司马光《训俭示康》

久病床前有孝子

老话讲“久病床前无孝子”，可宋代学者黄庭坚（1045～1105年），却用自身的行为证明久病床前有孝子。

黄庭坚，今江西修水人，是著名的文学家、书法家，与苏东坡齐名，世称“苏黄”。

黄庭坚从小就是个孝子，对父母极为孝顺。母亲生病多年，黄庭坚对母亲的饮食起居照顾得极为周到。母亲失去生活自理能力后，黄庭坚日夜守护在母亲身边，喂汤喂饭，伺候母亲起居，衣不解带。因母亲极爱干净，他每夜必亲自为母亲洗刷便桶，从不唤一般奴婢代洗。

众人深为黄庭坚孝敬母亲的行为所感动，但也有人劝他说：“你都是做官的人了，洗刷马桶类的事，就让丫环去做，何必自己动手呢？”黄庭坚说：“职位再高，也要讲孝道。侍奉母亲，没有什么高贵与低贱之分。”

黄庭坚孝敬母亲的事情，后被收入《二十四孝》，名为“涤亲溺器”，其词曰：“奉母尽诚。每夕，亲自为母涤秽器，不使婢妾为之。未尝一刻有缺子职。”黄家后人，时时以祖上“涤亲溺器”的行为来要求自己，孝敬父母，在黄氏家族，已成为代代相传的家风、家道。

杨时教子“俭以养德”

杨时（1053～1130年）是宋代著名理学家、教育家、政治家。他师从“二程”（程颢、程颐），谦虚谨慎，不骄不躁，勤奋好学。他与游酢“程门立雪”的故事成为尊师重道的佳话。程颐很为他们诚心求学的精神所感动，更加尽心尽力教授。杨时不负众望，终于学得程门理学的真谛。

杨时学以致用，曾在北宋、南宋两朝任过工部侍郎、龙图阁直学士等朝官，是“不畏权势、忠铮敢言”的名臣。在浏阳任知县时，积极上疏朝廷，反映实情，赈济灾民；任虔州司法时，秉公办案，刚正不阿；任萧山知县时，修筑湘湖，蓄水灌田。所到之处“皆有惠政、民思不忘”。

1111年，杨时在江苏无锡创办东林书院，讲学长达18年之久，弟子千余人。他的儿孙深受其学以致用的影响，5个儿子——杨迪、杨迥、杨遹、杨适、杨造，都出仕为官，孙辈以下也非常有名。

杨时为了教育儿孙“俭以养德”，特立下这样的家规：“三餐饭蔬，不论脆甘酸苦，只要是可以吃的，就不可有所嗜好；衣服鞋帽，不论布料精细，只要合身，就不许挑挑拣拣；所处房屋，尽管简陋，只要还能居住，就应安居乐业，不要羡慕别人雕梁画栋；故山田园，先祖遗留，应该守其世业，不可增营地产，侵犯他人利益。”他还赋诗勉励儿孙：

敝裘千里北风寒，还忆箪瓢陋巷安；
位重金多非所慕，直缘三釜慰亲欢。

立身之本

【原文】

夫言行可覆，信之至也；推美引过，德之至也；扬名显亲，孝之至也；兄弟怡怡，宗族欣欣，悌之至也；临财莫过乎让。此五者，立身之本。

——晋·王祥《训子孙遗令》

【译文】

说话、做事要经得起考验，这就是诚信的最高境界；婉辞别人的赞誉之声，而勇于承认过失，这是德行的最高境界；自己名声远扬，来使父母感到荣耀，这是孝的最高境界；兄弟之间融洽和谐，宗族之间和睦相处，这是友爱的最高境界；面对财富没有比谦让更高尚的了。这5个方面，是人立身处世的根本。

“以母道兼师道”

宋代时，在今浙江余姚有一户胡姓人家，儿子胡沂（1107～1174年），官至礼部尚书；孙子3人，1人中乡贡，2人中进士。胡氏家族，一举成为浙东望族。

老话讲：表壮不如里壮。胡家子弟如此，与莫太夫人是分不开的。莫太夫人出身书香门第，知书达理，本着“择偶须贤不须富”的原则，直到30岁，才嫁给胡沂的父亲胡宗伋。在那个时代也真算是奇女子了。

生了儿子后，莫太夫人“以母道兼师道”，亲自给儿子讲授《论语》《孟子》《诗经》《易经》。胡沂20岁时，莫太夫人又毅然下决心变卖家产，一家人来到京师，伴随他在太学就读。胡沂也不负母望，获得了太学考试第一名的好成绩。

莫太夫人86岁时，口述了《莫太夫人贤训》。宋代著名大学者朱熹称赞说，就是著名的吕氏《童蒙训》《颜氏家范》《家则》等，也没有这部家训讲得清楚明白。《莫太夫人贤训》开篇即说，自己已是86岁了，怕以后没有多少机会与子孙当面交谈了，才用家常用语，把胡家子孙应遵循的家规、家训写下来。在这部家训中，她告诉后代，“有学无官荣，有官无学贱”。人，还是要有真本事。她告诉后代，“读书要精读”“写字要用心”。她告诉后代，记住古人的话，走得急切容易摔倒，欲速则不达……千百年了，这些朴实无华的话语，仍在被胡氏后人们传诵着、践行着。

“精忠报国”的岳家家风

一提“精忠报国”，大家马上会想到南宋抗金名将岳飞（1103～1142年）。岳飞是汤阴县（今属河南安阳）人，年轻时从军。从军前，母亲在岳飞背上刺下了“尽忠报国”四字，后世演义为“精忠报国”。这也就成为岳家的家风。

岳飞在抗金战斗中功勋卓著，宋高宗曾要在杭州为岳飞建宅，岳飞辞谢说：“北虏未灭，臣何以家为？”岳飞还经常化私为公，用自己的私财去补贴军用。

岳飞不但处处严格要求自己，而且对子女教育也非常严格。他勉励儿子们“自立勋劳”。

岳飞五子二女，儿子个个武艺高强。长子岳云，勇冠三军。据传他曾率军解牛头山之围，救出被围的父亲。岳云临出征前，祖母也是一再叮嘱他要“精忠报国”，还为他披上战袍。

长子岳云屡立殊勋，却多次隐瞒不报。部将看不过去，认为岳飞这样做并非公道之举，岳飞说：“父之教子，怎可责以近功？”又说：“正己而后可以正物，自治而后可以治人，若使臣男受无用之赏，则是臣已不能正己而自治，何以率人乎？”

岳飞有个孙子，叫岳珂，他出生时，爷爷岳飞已含冤去世40多年了。22岁时，岳珂考上进士，从此一边做官，一边著书。他花费很大精力，满怀家国之恨，研究南宋历史，想由此还历史一个公道，还爷爷一个公道。

岳钟琪，是岳飞21世孙。他始任文官，后改武职。一直做到清代的陕甘总督、宁远大将军。曾统军反击沙俄等境外势力支持的叛军，平定青海、西藏等地叛乱。乾隆皇帝称他为“三朝师武臣，钟琪为世擘”“有清栋梁之臣”。

“精忠报国”的祖训，历经千百年，仍然流淌在岳家人的血脉之中。

家训格言

子孙以忠信谨慎为先，切戒狷薄。不可顾目前之利而妄他日之害，不可用一时之势而贻数世之忧。

——清·张履祥《杨园先生全集》

《袁氏世范》

南宋袁采（？～1195年）是隆兴元年（1163年）进士，官至监登闻鼓院，掌管军民上书鸣冤等事宜，即负责受理民间人士的上诉、举告、请愿、自荐、议论军国大事等方面给朝廷的进状。袁采从小受儒家之道影响，为人才德并佳，时人赞称“德足而行成，学博而文富”。步入仕途以后，袁采以儒家之道理政，廉明刚直。他非常重视教育，在任温州乐清县县令时，撰写了《袁氏世范》一书，用来践行伦理教育，美化风俗习惯，另一方面教育自己的子女。

《袁氏世范》共三卷，分睦亲、处己、治家三门。卷一睦亲，主要讲家庭和睦相处的道理和方法；卷二处己，论述个人修养、为人处世之道，对人一生当中经常遇到的富贵贫贱、成败得失等都做了哲理性的阐述；卷三治家，是持家兴业的一些道理，亦颇精彩。

比如，袁采在《袁氏世范》中特别强调，“处富贵不宜骄傲”。他这样写道：

富贵乃命分偶然，岂宜以此骄傲乡曲！若本自贫窭，身致富厚，本自寒素，身致通显，此虽人之所谓贤，亦不可以此取尤于乡曲。若因父祖之遗资而坐享肥浓，因父祖之保任而驯致通显，此何以异于常人！其间有欲以此骄傲乡曲，不亦羞而可怜哉！

这段话的大意是说：谁富谁贵，是非常偶然的事，岂能因为富贵了就在乡里去骄奢淫逸、作威作福？如果本来贫穷的人后来发财致富，本来出身微贱的人后来身居高官，这种人虽然被人称为有才能，但也不能因此而在家乡过于招摇。如果因为祖先的遗产而过上富足生活，依靠父亲或祖父的保举而获得一官半职，这种人又与常人有什么区别？他们中如果有人想借这种富贵在乡邻面前炫耀，不仅令人感到羞愧，而且是令人感到可怜的。

他还在书中强调，富贵之后，不要骄横，仍应保持谦逊姿态。还写道，富裕人家不要放太多钱，以免招来盗贼。要低调，不要“露富”。

袁采是从实用和近人情的角度来看待立身处世的原则的，譬如，他提倡家庭成员应该是平等的，父子兄弟之间都是平等的，可以保持各自的性格特点，即便是家中的长辈，也要以自己超乎别人的修养来树立自己的威信，而不能压服别人；子女也没必要屈从长辈的权威。

《袁氏世范》里有许多句子确实都是金玉良言，如“小人当敬远”“厚于责己而薄责人”“小人为恶不必谏”“家成于忧惧破于怠忽”等等，不胜枚举。因此历代士大夫都十分推重该书，都将它奉为至宝。

陆游的“诗教”家风

南宋著名诗人陆游（1125～1210年）今存诗9000多首，两个方面非常突出。一是爱国，他的诗词中有相当部分是爱国诗作；二是重视家风，其中有20多则家训、100多首教子诗，是历代名人中用诗歌教育儿子最多的人。

陆游教育儿子的内容中，戒贪是重要内容。他在《示子孙》一诗中写道：

为贫出仕退为农，二百年来世世同。
富贵苟求终近祸，汝曹切勿坠家风。

他告诫子孙要克制贪欲，若是贪图富贵，灾祸就会逼近，凡是我的子子孙孙，你们不要因为贪得无厌而毁了家风。

在《放翁家训》中说：“世之贪夫，溪壑无餍，固不足责。”意思是，世上那些贪得无厌的人，没有必要费口舌去责备他们。他告诫儿子要戒除贪欲，“公茫茫九衢中，百祸起一贪”，在大千世界中，所有的祸患都是起源于一个贪字。人若贪得无厌，就会有祸患上身。

陆游虽然才高八斗，诗名很盛，但仕途坎坷，并没有得到重用。可他一心向公，直道而行。他经常告诫子孙说：“但愿你们长大成人之后，于国有用，于家尽责，于义无暇，于德不亏。”

在良好家风的熏陶下，陆游的后人没有辜负他的期望，无论为民为官，都做到了忧国忧民、正直忠贞。两个儿子均是有名的清官；孙子陆元廷，为抗敌奔走呼号，积劳成疾而死……陆家可谓满门忠烈，一家义士。

陆游教子谦恭有礼

谦逊恭敬、以礼待人，是传统美德的精髓，南宋著名诗人陆游教育儿子要以礼待人，正是这种文化深入家风家教的鲜明例子。

陆游教导儿子说："后生才锐者，最易坏。"这句话的意思是说年轻人思维活跃，接受新生事物比较快，很容易接触到不良事物而养成恶行，要特别警惕才是。

陆游还告诫子辈：我小时候，曾经看到过有的当官的子弟和父辈的老朋友，高谈阔论，大声说笑，言语随意，很没有礼貌。我很讨厌这样的人，因此我不愿意你们像那种不懂礼貌的人那样。你们务必牢记，在我的同辈人中，有些人地位很高贵，也有的地位比较低贱；有的与我交往很深，有的来往不多。但无论是谁，你们见到后，都要恭恭敬敬。即使以后你们做了高官，也要保持这种彬彬有礼的态度。

陆游说："切勿常加简束，令熟读经学，训之以宽厚恭谨，勿令与浮薄者游处。如此十许年，志趣自成。"就是说要经常对儿子管理教育，让他们多读经典著作，教导子女具有宽厚恭谨的品德，千万不要让他们与轻浮浅薄的人交朋友。这样严加训诫十几年，自然会养成知书达礼的良好品德。

1202年，陆游之子陆子龙到吉州任司理参军。当时，曾任秘书监的杨万里和益国公周必大当时都告老住在吉州，是当地德高望重的有名望的人士。陆子龙赴任前，想到他们都是陆游的老友，就希望父亲给杨万里和周必大修书一封，请他们对自己多加照顾。

陆游写了一首五言长诗，作为给儿子的临别赠言。诗中写道：“益公名位重，凛若乔岳峙；汝以通家故，或许望燕几，得见已足荣，切勿有所启。又若杨诚斋，清介世莫比，一闻俗人言，三日归洗耳；汝但问起居，余事勿挂齿。”

益公指益国公周必大，诚斋是杨万里的别号。陆游的用意是告诉儿子，益国公周必大名高位重，处世严谨，你见他也就行了，千万不要有所求；杨万里清白耿直，品德高尚，你探望老人之时，莫要让他为你讨人情，以免败坏了他的名声。陆游让儿子去拜望自己的老朋友，但拜访的目的是让儿子学习他们的优良品德和高尚风格，但不要提其他要求，不是托赖这些德高望重的人为自己谋得好处。

陆游在《示元礼》一诗中所说：“但使乡闾称善士，布衣未必愧公卿。”意思是要让乡里人都知道你是一个知书达礼、有道德的好人，即使是一个普通老百姓，与那些高官显爵相比，也是无愧的。

儒学宗师的务实家风

浙江省金华市有个村子叫“后溪河”，村口是一棵有着800多年历史的古樟树，村中的何北山祠中，悬挂着“儒学宗师”“理学世家”等匾额。这里是儒学宗师何基（1188~1268年）家族的世居地。

何基，人称“北山先生”，师从理学大师朱熹的女婿黄幹。黄幹“治学必有真实心地，刻苦工夫而后可”的治学态度，给了他很大影响。但何基并不拘泥于师意，特别强调要有自己的创见。据史载，何基一生不事科举，官府召他去当官也不去，一生从事教育和著述。用今天的话说，就是一位民间教育家。史书上称他为“绝类汉儒”，就是说，这是一位坚持走自己治学之路的富有汉代儒学风范的儒学大师。他的弟子们很了解为师的心意，何基80岁去世后，弟子们不用官仪，而用古老的“士礼”安葬了老师。

这么说，是不是说何家的门风就是一心只读圣贤书，不食人间烟火呢？不是的。何基十分重视族人的生存之道。如今，后溪河村是著名的花乡，一年的花卉苗木收入就高达4000多万元，尤以“佛手”养殖最为有名。而这种名贵花木，正是何基从江西临川引进的。而《何氏宗谱》中，专门规定要“养贤才”，即对族中可造就的读书种子，要给予经济上的支持，让其专心读书。在何家务实的家风影响下，何氏家族非常重视教育，科甲蝉联，人才辈出。

俭以养德

【原文】

俭有四益：人之贪淫，未有不生于奢侈者，俭则不至于贪，何从而淫，是俭可以养德，一益也。人之福禄，只有此数，暴殄糜费，必至短促，樽节爱养，自能长久，是俭可以养寿，二益也。醉浓饱鲜，昏人神志，菜羹蔬食，肠胃清虚，是俭可以养神，三益也。奢者妄取苟求，志气卑辱，一从俭约，则于人无求，于己无愧，是俭可以养气，四益也。

——清·高拱京《高氏塾铎》

【译文】

节俭有四样好处：人去贪污去淫乱，没有与奢侈无关的。节俭则不至于去贪污、淫乱，所以说节俭可以培养自身的品德，这是第一个好处。人的福分寿禄，只有此数，暴殄天物，奢侈浪费，花天酒地，必定会短寿。节俭爱惜东西，自会过得长久。所以说，节俭可以养寿，这是第二个好处。醉生梦死，神志一定会昏乱，粗茶淡饭，肠胃清虚，头脑清醒。所以说节俭可以养神，这是第三个好处。奢侈花费多，自然不择手段去弄钱，还谈什么志向志气，而生活节俭简单，无求于人，无愧于心，所以说节俭可以养生，这是第四个好处。

叶丞相绝食训子

叶梦鼎（1200～1279年），南宋时官拜右丞相兼枢密使，位极人臣。在他的家乡浙江宁海，流传着不少“叶丞相”的故事。其中有一个“叶梦鼎绝食训子”的故事，最令人感叹。

有一天清晨，叶丞相正在书房里草拟奏章，忽听到外面人声鼎沸，出外一看，只见自己的儿子叶应及，正揪着一位老渔翁的衣领，挥拳捶打。渔翁愤愤不平，一面东躲西藏，一面诉说：“公子竟敢如此无礼，前几天向我买鱼，一直到今天还未付钱，今天我前来催讨，你仗自己是丞相之子，想赖钱且不说，还要对我如此毒打，难道怕你不成！”

叶丞相见此番情景，早已是怒火填膺，脸色铁青，一面怒喝逆子住手，一面吩咐仆人赶快按价付钱，还把地上的笠帽拾起来，掸去灰尘，亲手给渔翁戴上，并连声道歉。渔翁见丞相出面，又如此谦恭，怒气顿消，拿上钱走了。

叶丞相回到厅堂，满脸怒气地坐在太师椅上，一言不发。儿子自知理亏，跪下来三拜认错，叶丞相扭过去头毫不理会。这时全家人见老爷子气成这样，男男女女、老老少少都来到厅堂，劝解的劝解，跪拜的跪拜。叶丞相好似木雕泥塑，一概置之不理，一直到太阳落山，一口水不喝，一口饭不吃。大家觉得这样下去也不是个办法，表示愿意联名担保，如果再发生类似情况，共担责任。叶丞相这才开口说话：“我也是贫士出身，草鞋绑腿，自己背着雨伞书籍，到临安赴试，受几许艰苦，入太学，得功名，至于今日。

你小子既生于富贵，受荫入仕，今日却凌辱细民，乡亲们会说我没有家教，子不教，父之过啊！”

叶丞相绝食训子的事情传开了，乡亲们都跷起了大拇指，一些横行乡里的官宦之子听见了，也不得不有所收敛。乡里风气一时大为好转。可谓一家家风正，带动一乡人。

平等待人，谦虚待人，这，就成了宁海叶家的家风。叶氏后人，不管当了多大的官，发了多大的财，都牢记住祖上绝食训子的故事，更不敢忘记叶家一视同仁的美德。

家训格言

凡在朋侪中，切戒自满。惟虚故能受，满则无所容。人不我告，则止于此耳。不能日益也。故一人之见，不足以兼十人。我能取之十人，是兼十人之能矣取之不已，至于百人、千人，则在我者，可量也哉。

——元·许衡《许鲁斋语录》

“不以聪明为先，而以尽心为急”

浙江省金华市武义县，是南宋大儒吕祖谦（1137～1181年）的家乡。他是进士，当过官，官声清正。后在武义县城东的明招山下讲学。南宋另一大儒朱熹，曾把长子朱塾送到他门下。可见吕祖谦的学问、道德，在当时是极有吸引力的。

作为一个世代官宦之家的子弟，吕祖谦尤其重视家教，考虑到子孙日后大多仍要走科举做官之路，吕家家风中，涉及做官的内容不少。

——吕祖谦提出了“为读书先学做人”的观点，他讲学，不是为了应付“科举”，而是为了培养品德、变化气质。

——做官不存侥幸之心。吕祖谦认为，做官的面对钱财等，切不可有侥幸之心，只要有了侥幸之心，就很可能无所不为了，结果终会败露。

——“当官者难事勿辞。”吕祖谦认为，当官就是要做事，不能因为事情难做就推辞。而且“处事者，不以聪明为先，而以尽心为急”。在吕祖谦看来，当官与读书不同，读书，首先给人印象深刻的是聪明不聪明；做官，首先要看做事投入不投入。

……

后世以为，吕氏家规，“皆可为后世法。”吕氏家族重人品、重实干的家风，也早已超出了吕家一个家族的范畴，影响着武义当地的风气，也被吕祖谦众多弟子带往了全国各地。

善俭勤严，缺一不可

南宋末年，有一户徐姓官宦人家为避乱来到浙江余姚茹墟村，从此就在那里繁衍生息。明代时，徐家的女儿嫁给了当地另一望族谢姓人家的子孙谢迁（1449～1531年）。谢迁是成化十一年（1475年）的状元，官至一品，夫人徐氏，诰封一品夫人。他的儿子谢丕（1482～1556年），官至吏部左侍郎。在那个时代，这已是极其兴旺的大户人家了。这样的人家，又会有怎样的家风呢？好几百年过去了，可真是难以考证了。值得庆幸的是，谢家的家训、徐家的家谱，我们今天还可以看到。

据《余姚茹墟徐氏宗谱》讲，一个家族，得积善、勤耕苦读、孝悌、家教严，这几条缺了一条，家族都有可能会衰败。据《余姚谢氏家训》讲，“作善降之百祥，作不善降之百殃，勿以善小而不为，勿以恶小而为之。此四语，当终身服膺”“举止要安和”“言语要诚实”“讨租讨债，宜善言催取”，“贫民岂无羞恶？”……看来，不论是谢家，还是徐家，都是讲求积德行善，勤学苦读，儿孝母慈，家教严谨。皇皇文明古国，有多少人家，都是有着这样的家风，才能历经风雨，传承百世。

说到徐老夫人，还要多说几句。明朝弘治年间，谢迁官至礼部尚书、武英殿大学士。皇太后召徐氏夫人进宫，见徐氏夫人恪守礼节，行为得体，用手抚摸着她的肩膀说：“世间哪有这等温惠的好媳妇！”一时传为美谈。到了正德年间，太监刘瑾独揽国政，谢迁感到朝廷已无可留恋。徐氏夫人就对谢迁说：“我们还是辞官回乡吧！否则会自取其辱。”谢迁及时辞官回家，免于祸患，夫妻二人平安地度过晚年。所以，《徐夫人传》中说，谢迁能“完名全节”，有夫人的“默助阴相”。如果夫人贪图富贵的生活，夫君的灾祸恐怕就不远了。

家训格言

老成之人，言有迂阔，而更事为多。后生虽天资聪明，而见识终有不及。后生例以老成为迂阔，凡其身试见效之言欲以训后生者，后生厌听而毁诋者多矣。及后生年齿渐长，历事渐多，方悟老成之言可以佩服，然已在险阻艰难备尝之后矣。

——宋·袁采《袁氏世范》

“三代不读书子孙愚”

浙江海宁土地肥沃，雨水充沛、物产丰富，民风淳朴。所以千百年来，诸多世家大族，都迁居于此，繁衍生息。海宁朱氏家族，就是其中的一支。

朱氏家族是南宋赫赫有名的大儒朱熹的后裔。据《朱氏宗谱》记载，海宁朱氏，是从朱熹5世孙朱栝开始迁至海宁的。大儒的后代，当然不忘读书。“三代不读书子孙愚”一语，即出自《朱氏宗谱》。晚清时的朱氏后人朱济川去世前留给子孙的最后一句话就是：“人必多读书，始不为利所诱。”

朱家还有一个特点，就是不仅男子读书，女子也读书。继宋代李清照之后的女才子朱淑贞，就是海宁朱氏后人。

朱家的另一传统是始终不忘办教育。朱熹本人，就是大教育家。清朝末年，朱氏后人朱宝瑨创办了海宁历史上第一所女子学堂——蒙正女学堂。他本人视钱财如粪土，毁家办学。1929年去世时，全靠学生帮助才办完了后事。当时大教育家章太炎先生送的挽联上写道：“惟热心于教育，毁家财以发蒙。”今天，海宁中学校园内，还建有朱宝瑨纪念碑。

家训格言

我今仅守读书业，汝勿轻捐少壮时。

——宋·陆游《小儿入城》

一位高寿的大孝子

古人云：人生七十古来稀，可元代有位大孝子，却活了98岁，别说在古代，就是在今天，也真是高寿了。这位高寿的大孝子，就是元代的姚天祥（1275～1373年）。

姚天祥的父母都是忠厚老实的本分人，直到他做官后，家境才算有所改善。有一年中秋节，姚天祥坐在庭院独自赏月，想起父亲早逝，母亲独自一人在家，自己在外做官多年，也没机会孝敬母亲。“谁言寸草心，报得三春晖。”第二天，他竟辞官回乡奉养母亲。

这一举动在一般人看来，简单是不可思议。可姚天祥却觉得，能侍奉母亲，真是太幸福了。家里有佣人，但他却常常亲自为母亲端茶倒水。在严寒的冬天，他为母亲设计制作了暖坐桶，下半部是一只圆木桶，盛着陶制火钵，可以暖足，上半部连接着一只半圆形的坐凳，可以暖臂。母亲临睡前，他又将铜手钵添加稻糠后放进被窝。夏天，暑热难当，他用扇子把蚊子赶出帐子，便坐在床边继续为母亲打扇，使母亲睡得安心。

回到家乡后，姚天祥除了侍奉母亲，还做起了生意。人们都说，这是个大孝子，和他做生意不会错。不久，他便积累下万贯家产。有了钱，他为姚家修宗谱，办学校，还出钱修桥铺路，赈济穷人。到了姚天祥去世的时候，十里八乡，赶来送葬的百姓成千上万。

姚天祥为姚氏家族打上了“忠孝人家”的金字招牌。多少年多少代，一说起姚家，人们仍说：那可是大孝子的后代啊！

廉洁自律的曹鉴

元朝时有个著名的清官，叫曹鉴。他不仅本人为官清廉，还特别注意把这种廉洁的精神传给儿子。

话说元朝初年，曹鉴离开大都（今属北京），到湖南麻阳地区去当官。碰巧有个世交，叫顾渊伯，也在湖南当个无权无势的小官——主簿。听说他到湖南来了，十分高兴。曹鉴到任不久，顾渊伯就托人送来一个小包裹，曹鉴打开一看，里头是一封信和一个包着严严实实的物件。信中对他来湖南任职表示衷心欢迎，并说附上一包当地产的辰砂（红色或棕红色，无毒，可入药，旧时以湖南辰州府出产的最为有名，故称辰砂），可以治他失眠的老毛病。曹鉴十分高兴，但因刚到位公务繁忙，那包辰砂都没开包，就收到库房去了。

一晃半年过去了，这天忽然听到一个噩耗：顾渊伯病故了。曹鉴深为震惊，同时也想起顾渊伯曾托人带来的辰砂连包都没打开过，便叫儿子去库房取来，见物如晤面嘛。谁知儿子去了半天也没回来，曹鉴不耐烦地也跑到了库房，一看，儿子正对着那包“辰砂”发愣呢。

“你怎么回事，慢慢腾腾的？”曹鉴质问道。

“父亲您看，包里除了辰砂，还有好几两黄金。”儿子指着那包“辰砂”回答说。

曹鉴这才明白，顾渊伯是想利用他手中的权力，谋求自己的升迁。

“父亲，顾伯伯既然已经去世了，这几两黄金也没人知道，要不，就留下来？”儿子的话打断了曹鉴的沉思。没想到儿子竟会这么想，曹鉴谆谆教诲儿子说：“咱们曹家，世世代代都是清白人家，不是正路来的钱，一分一毫也不能要啊！”

曹鉴让儿子赶快去一趟顾家，一来代他悼唁逝者，二来退还黄金。

家训格言

诗书不可不读，礼义不可不知。子孙不可不教，童仆不可不恤。斯文不可不敬，患难不可不扶。守我之分者，礼也；听我之命者，天也。人能如是，天必相之。此乃日用常行之道，若衣服之于身体，饮食之于口腹，不可一日无也，可不慎哉！

——宋·朱熹《朱子家训》

劝学

【原文】

夫明《六经》之指，涉百家之书，纵不能增益德行，敦厉风俗，犹为一艺，得以自资。父兄不可常依，乡国不可常保，一旦流离，无人庇荫，当自求诸身耳。谚曰："积财千万，不如薄伎在身。"伎之易习而可贵者，无过读书也。世人不问愚智，皆欲识人之多，见事之广，而不肯读书，是犹求饱而懒营馔，欲暖而惰裁衣也。

——南北朝·颜之推《颜氏家训》

【译文】

通晓《六经》的要旨、涉猎百家著作的人，就算不能增加美德与操行、劝勉世风民俗，也仍可以算一门手艺，能够以此作为生计。父亲与兄弟不能长期依靠，家乡疆土不能常保太平，一旦颠沛流离，没有人可以给予庇护救助，就只能靠自己了。谚语中说："积财千万，不如有一技之长。"所有技能当中最简单易学而又最宝贵的，莫过于读书了。世上的人不管是愚笨，还是聪明，都希望能结识更多的人，见识更广的世面，但不愿意读书，这就好像想要吃饱肚子但又懒得去做饭；想要穿得暖，但又懒得去做衣服一样。

刘伯温的家风

元末明初的军事家、政治家和文学家刘基（1311～1375年），字伯温。百姓大多知道刘伯温的大名，是因为他是明太祖朱元璋的主要谋士，号称诸葛亮再世。

刘伯温的祖先，据说是宋朝名将刘延庆、刘光世父子，后弃武从文，家风为之一变。刘伯温是明代开国元勋，位极人臣，但他心里深知，刘家人的血脉中流淌的还是武将的血，心地纯正，性格刚烈，这种人在乱世之中或许还可尽显其能，但天下太平之后，并不适合官场。他临终时，叮嘱儿子，只修土坟，不建石墓。实际是希望刘家子孙从此低调做人，远离官场是非。

然而令人遗憾的是，刘伯温的长子刘琏，却没有听父亲的劝告。后来卷入官场是非之中，受宰相胡惟庸一派陷害，有理也说不清，为了保全自已的名操，竟然跳井而死，年仅32岁。刘琏的弟弟刘璟，也卷入靖难之役的是是非非之中。刘璟颇有刘家的风骨，对明成祖朱棣仍旧称殿下，并说朱棣百世之后逃不得一个“篡”字。还没有人敢当面指责朱棣的皇位是篡来的，结果龙颜大怒，打入死牢。不久，刘璟就在牢中自杀了。

刘琏之子刘士端，是刘伯温的嫡长孙，明太祖特许继承了刘伯温诚意伯的爵位，还给了所谓可以免死的“金书铁券”。但正所谓“伴君如伴虎”。祖父、父亲去世后，刘士瑞无心仕途，辞官归隐故里。

郑义门

在浙江省浦江县东部的玄鹿山下，有一个被明太祖朱元璋亲自赐封为“江南第一家”的牌匾，被称为“郑义门”。这是一个姓郑的人家，15世同居共财合食，历经宋、元、明3个朝代330余年，最盛时3000多人同锅吃饭。能维系这个家族这么久远的主要原因就是祖传家规。

北宋年间，安徽青年郑淮来到浙江浦江落脚，到第三代，一家之主郑绮于75岁那年，自觉将不久于人世，便召集子孙到郑家祠堂，刺指血滴入酒杯，命大家共饮，并立下家规——“吾子孙有不孝、不悌、不共财聚食者，天实殛罚之”“子孙出仕，有以赃墨闻者，生则削谱除族籍，死则牌位不许入祠堂”共168条《郑氏规范》。

这样的家规对整个家族影响深远。郑家七世祖郑铢曾被举荐为宣政院官员，具体工作是管理江南寺院档案。虽然只是一个小小的管理员，但他手上掌握着关系和尚们的身份、等级、津贴等切身利益的档案，成为很多人巴结的对象。郑铢到任后，果然有和尚来送礼，但他不管是谁送的，一概拒收。有些和尚以为自己送得少，于是不断加码，但同样被拒之门外。后来和尚们打听到郑铢来自浦江“郑义门”，就再也没有和尚敢送礼了。

从宋至明的几百年间，从“郑义门”出仕的173位官吏，大至礼部尚书，小至税令，无一贪赃枉法，全部勤政廉政。

30年才还清的债

山东即墨杨家，是当地的一户名门望族。祖上的奇闻轶事，幸赖有《即墨杨氏家乘》一书保留至今，成为杨氏后人口中百说不厌的故事。

第一个故事：明初洪武年间，杨家被派官差到南方运桑。不料在长江中翻了船。为赔桑银，杨氏家族中男男女女竟有20多口被官府“拍卖”，这笔官债一直还了30多年，到明洪熙元年（1425年）才被赦免。遭此大难，杨氏家族从此立志读书，子孙自励于学。

第二个故事：杨家第7世子孙杨盐（1523~1621年），在外为宦时，看到一个被征发守边的男人不得已要卖掉4个儿女。杨盐立刻设法捐钱，帮这人将儿女全部赎回。杨盐擅书法，杨家不少牌匾如“承桂堂”“世科”等，均出自他的手笔。

第三个故事：杨氏第11世孙杨遇吉（1613~1681年），在明崇祯十七年（1644年），率骑兵23人突破重围，赴外求援。不巧路上遇见敌兵大队，杨遇吉机智地呵斥他们军械不整，敌兵误以为是大头目来巡视，忙不迭地低头让路。

第四个故事：杨家有个祖先叫杨万里，真的是有万里之抱负。明朝灭亡后，他仗剑独自行走江湖，被抗清名臣史可法引为知己，特上奏南明政权，补授其为兵备道。南明亡后，杨万里隐居终身。

第五个故事：明朝灭亡后，清朝统治确立后，凡是明朝故旧，均要“刑追助饷”。即墨的明朝故家，争先将祖上留下的匾额毁掉。而杨家的做法却与众不同，他们将祖上留下的匾额用松烟涂盖，等到当局对前朝故旧已不再迫害时，杨家人则将松烟抹去，让祖先的遗物，重见天日。

……

这一个又一个的故事，让杨家子孙牢牢记住了杨家的家风：刻苦自励、善良乐施、机智勇敢、精忠报国。杨家祖上传下来的故事，一定会一代一代、一辈一辈地传下去。

不可掠人之美

【原文】

用其言，弃其身，古人所耻。凡有一言一行，取于人者，皆显称之，不可窃人之美，以为己力；虽轻虽贱者，必归功焉。窃人之财，刑辟之所处；窃人之美，鬼神之所责。

——南北朝·颜之推《颜氏家训》

【译文】

听一个人的言语，就嫌弃这个人本身，这是为古人所耻的。一句话，一个举动，凡是取自他人的，都应该公开弘扬，不可以掠人之美，把他人的功德当作自己的；纵然是对地位卑微的人，也要把功劳归还给人家。偷盗他人的财物，会受到刑律的惩罚；盗窃他人的功德，会受到神明的责罚。

“老实罗”的家风

罗复仁（1306～1371年），江西吉水人。罗复仁一生官做得不大，为官时间也不长，只因他秉性耿直、能言敢谏、为政清廉而闻名于史册。

明朝初年，朱元璋设立弘文馆，任命刘伯温、罗复仁等一批学识渊博之士为学士，一方面笼络天下英才，另一方面革除社会、经济、文化等弊政。罗复仁信守罗氏家训中的诚信本色，做老实人，说老实话，办老实事，说话直截了当，从不拐弯抹角，不怕得罪人。即便在皇帝朱元璋面前也照说不误。

一次，在朝堂上，罗复仁直接指出朱元璋推行的薪水制度容易滋生贪污腐败。他认为官衔品级之间差距太大，二三品官员年薪是576石大米，而四五品官员年薪是192石，七品知县才90石，这点儿钱不够养活一家老小的。一年的薪水中，包括银子、大米、布匹等，都要按大米折算，这算中的猫腻很大。户部官员将市价三四钱银子一匹的粗布，折算成30石大米，而当时的30石大米在市场上至少卖20两银子。这样折算下来，若把布匹当工资来发，县官每年只能领3匹布，拿到市场只能换2石大米。罗复仁指出，朝廷二三品官员的生活也只能勉强糊口，地方六七品官员生活十分拮据，哪里有精力操劳国事、政事。他认为这是导致地方腐败的主要因素。

很多大臣都为罗复仁捏着一把汗，认为皇帝必定降罪于他。但是，朱元璋觉得罗复仁性格朴实憨厚，说话直率，因此并没有深究，还赐了他一个雅号——老实罗。

罗复仁将这一说实话、不做作的诚实风格用来教育儿孙，告诫他们今后无论为官还是做其他事，都要说话诚实。罗复仁的儿子罗养蒙，托父亲的福被朝廷授予官职，后来罗养蒙辞职归隐，教导儿子罗汝敬学习要努力，做人要诚实。之后罗汝敬考上进士，步入仕途，历任庶吉士、翰林侍讲、监察御史、工部右侍郎等职，因直谏而声震一时。

家训格言

祖宗虽远，祭祀不可不诚；子孙虽愚，经书不可不读。居身务期俭朴，教子要有义方。

——清·朱柏庐《治家格言》

“要留清白在人间”的于谦家风

明朝名臣、民族英雄于谦（1398～1457年）是著名的政治家、思想家和军事家。他为官坦荡磊落、奉公守法，家喻户晓。

于谦任地方官时，当时宦官专权，肆无忌惮招权纳贿。很多地方官员进京，都是用厚金重礼打点求媚。而于谦从不给那些掌权宦官送礼，连地方特产都不带。当宦官挡住他的去路索要礼金时，于谦甩甩两只袖子笑笑说：“只有清风。”他还写了一首《入京》诗表明态度：“绢帕麻菇与线香，本资民用反为殃。清风两袖朝天去，免得闾阎话短长！”这就是“两袖清风”的由来。

于谦做事一向光明磊落，奉公守法，从不因私废公。他的儿子于冕，曾经被大将军石亨推荐为都督府前卫副千户，于谦认为于冕没有军功，不符合晋升条件，于谦说："国家多事的时候，臣子在道义上不应该顾及个人的恩德。石亨身为大将，没有听说他举荐一位隐士，提拔一个兵卒，以补益军队国家，而只是推荐了我的儿子，这能得到公众的认可吗？我对于军功，极力杜绝侥幸，绝对不敢用儿子来滥领功劳。"断然予以拒绝。于谦坦荡磊落、慷慨豪气的精神成为家风代代传承。

于谦为官廉洁正直，曾平反冤狱，救灾赈荒，深受百姓爱戴，却被以"谋逆罪"诬杀。于谦被诬陷去世后，家属受牵累，于冕曾被发配。父亲的冤屈昭雪后，于冕复任原职，世袭杭州卫副千户。于冕继承了父亲的为人秉性，光明磊落，认为自己不适合做武官，朝廷将其改任兵部员外郎。于冕在任上奉公守法，恪尽职守。于谦的孙子于允忠，同样继承了父辈祖辈的性格，于家后代都是忠良。于谦的第5代孙于岳在嘉靖年间抗击倭寇犯境的战争中，手持大刀冲在最前面，杀敌无数，由于后援不继，于阵前捐躯。这种精神气概和当年于谦的"粉身碎骨浑不怕，要留清白在人间"一脉相承。

“做一个好人”的祖训

明代名臣高攀龙（1562～1626年），出身江南世家，从小受到良好的儒学教育，27岁时中了进士。然而高攀龙的仕途并不如意，长期不被启用。在这期间，他与顾宪成在家乡东林书院讲学，抨击阉党、议论朝政，在当时影响很大，人称“东林党”。在政敌编的所谓“东林点将录一百零八将”名单中，高攀龙名列第五。政敌炮制了一个“贪污”的罪名，要置高攀龙于死地。高攀龙自知难免一死，留下遗书，遣散子孙，独自一人沉于池塘之中。

高攀龙留给子孙的家训有20多条，但总揽其纲的就是一条：做一个好人。他写道：

> 吾人立身天地间，只思量做得一个人，是第一义，余事都没有要紧。……做好人，眼前觉得不便宜，总算来是大便宜。作不好人，眼前觉得便宜，总算来是不便宜。千古以来，成败昭然，如此继人，尚不觉悟，真是可哀，吾为子孙发此真切诚恳之语，不可草草看过。

高家子孙恪守“做一个好人”的祖训，侄子高世泰、高世泰之子高菖生、高芷生，还有高愈等后人，都坚持做一个好人，以传承家学以已任，安贫乐道，泰然安详。高攀龙看到高家“做一个好人”的家风传承有人，九泉之下也当大为欣慰了。

忠孝家风不可丢

说起明代的清官海瑞（1514～1587年），人们并不陌生。可如果要问，海瑞何以成为一代清官楷模，或许就没有多少人知道了。其实，海瑞之所以成为海瑞，是与他那忠孝家风分不开的。

海瑞幼年丧父，孤儿寡母相依为命。母亲从小就教育他，“忠”“孝”二字，是海家的家风，什么时候都不可丢弃。海瑞在浙江淳安（今属浙江杭州）当知县，当时这里比较富裕，人人都以为是个肥缺，而母亲却时时提醒儿子：“当官要为民做主，公正廉洁。”海瑞谨守母训，廉洁奉公，对下属要求甚严，任期内未取一分一毫。结果任期满后，他被调到江西兴国县（今属江西赣州），仍是知县。母亲劝慰他：“宁愿不升官，也要守忠孝。”

嘉靖皇帝20多年不上朝，群臣敢怒不敢言，海瑞挺身而出，上书抨击嘉靖不是一个好皇帝、好父亲、好丈夫。结果龙颜大怒，命人将他抓入诏狱。母亲又给儿子带信，叫他不要绝望，不要改变自己的志向。隆庆皇帝即位后，把海瑞放了出来，并委以重任。官做大了，母亲又告诫儿子，“朝廷为官要清正廉洁，审理案件要明察秋毫，要千方百计为百姓谋福利，为民请命要不辞辛苦”。

母亲70岁时，海瑞本想用自己的官俸好好为母亲办一次寿诞。不料母亲不同意，说即便是用自己的钱，也容易让百姓误解，让别有用心之人借机大做文章。结果到了母亲寿诞这一日，海瑞自己去买了2斤肉，用自己种的菜，做了三菜一汤，还献上自己写的一幅字作为寿礼，这幅字正看是“生母七十”四字，倒过来看是个大大的“寿”字。母亲说，这就挺好。

据史载，海瑞不管到哪儿，中堂一定要悬挂“忠孝”二字。这两字，就像是先贤的眼睛，更像是母亲的身影。看到这两个字，海瑞就仿佛看到了读过的圣贤书，更仿佛听到了母亲的教诲声。

家训格言

介告母曰：“古人治生为急。一读书生啬矣。”母曰：“士农工商，各执一业。各人各治所生，读书便是生活。”

——明·温璜《温氏母训》

严以律己，宽以待人

【原文】

忠信笃敬，先存其在己者，然后望其在人者。如在己者未尽，而以责人，人亦以此责我矣。今世之人，能自省其忠信笃信者盖寡，能责人以忠信笃敬者皆然也。虽然在我者既尽，在人者亦不必深责。今有人能尽其在我者固善矣，乃欲责人之似己，一或不满吾意，则疾之已甚。亦非有容德者，只益贻怨于人耳。

——宋·袁采《袁氏世范》

【译文】

忠诚、讲信用、厚道、恭敬这些品格，自己先要养成，然后才好去要求别人。如果自己还未完全做到，就去责备别人，别人会反过来指责你怎么没做到。如今的人，能自己反省自己是否做到忠诚、讲信用、厚道、恭敬的人已经是很少了，而指责别人做不到这些的人却到处都是。如今还有一种人，自己虽然做得还不错，但老想去指责别人怎么不像自己一样，一有不满意的地方，就十分严厉地批评别人。这也不是有容人品德的人，只会更招人怨而已。

世恩夜待

陈世恩是明朝万历年间的进士，他家兄弟三人。长兄是一个学问道德都很好的人，孝顺廉洁，得到乡邻的敬重。陈世恩是老二，德行也如兄长一样，为众人所称许。但是，三弟由于是家里最小的儿子，父母不免有些宠爱，长大之后，无所事事，游手好闲。并且结交了一帮狐朋狗友，经常是一大早就不见了人影，深更半夜才回来。

俗话说“长兄如父”。三弟的年少轻狂，大哥看在眼里，急在心头。大哥劝一次、两次还罢，次数多了，三弟不但听不进去，还开始对大哥反感起来。陈世恩见此情景，便请大哥来促膝长谈，并与大哥说定由他来劝三弟。

当天晚上，陈世恩手里拿着家里院门的钥匙，在门前等弟弟回来。月朗星稀，一阵清凉的风吹来，他感觉身上有些发冷。夜深人静了，家家户户都已歇息，人们都已进入了香甜的梦乡，陈世恩还在门外徘徊，耐心地等待着弟弟。突然，月光下走来一个瘦长的身影，他根据身形判定是弟弟，高兴地问：“是三弟吗？”“啊！是二哥。”弟弟没有料到是二哥在等他，意外之下显得有点儿不知所措。世恩赶快把弟弟迎进院子，亲自把院门关好锁上。弟弟以为二哥要开始教训他了，没想到耳边却传来二哥亲切的问候：“你吃晚饭了没有？冷不冷？”弟弟说：“噢……吃了，不冷。”就急急忙忙地回自己房间去了。

第二天一大早，弟弟又溜出去了，仍然是一整天也见不到人影。陈世恩和前一天一样，晚上仍在院门口等弟弟。弟弟很晚才回来，没想到二哥又在等他，不免有些心虚，站在院子外不好意思进来。陈世恩笑着说："自己家门都不进了吗？进来吧，我好锁门。"弟弟进门后，陈世恩闻到弟弟身上有一股酒气，关切地说："喝酒了，难不难受？我刚好泡了一杯浓茶，你快喝了解解酒。"说罢，世恩就把弟弟带到自己房间，看他喝了茶，漱了口，嘱咐他早点儿歇息。这下弟弟可有些睡不着了！回想起自己在外面花天酒地的情形，弟弟觉得脸上有些发烧。他又想到自己从小到大，两位哥哥对自己疼爱有加，尤其是二哥，从来都是无微不至地关心照顾自己，想到二哥，心里觉得特别亲。

此后连续几天，弟弟在外面开始待不住了，眼前尽是哥哥深夜翘首期盼自己归家的情形。他想先告辞，又怕朋友们嘲笑，只好又和他们玩到天黑。赶回家一看，二哥又是一脸关切地等着自己。弟弟羞惭交加，感到太对不起哥哥和家里人了。他心头一酸，"哇"的一下哭出声来，跪下去对二哥说："我错了！请二哥责罚！"陈世恩也感动不已，高兴地说："好！好！回来就好！哥哥知道你会自己改正的！"

从此以后，弟弟像换了个人一样，他确实感受到兄长的那一片真情，决心悔改，毕竟兄弟之间互相扶持才能风雨同舟啊！在两位哥哥的精心教导下，三弟认真学习，发愤图强，终成德才兼备的人。

大济村的大师行

浙江省庆元县大济村，可是个出了名的状元村，更了不得的是，这个关氏家族世居的小村，不仅出了26位进士，还曾留下了朱熹、王阳明、陆陇其等儒学大师的足迹。

大济村科甲蝉联后，一跃而成浙南地区一个文化中心，南宋大儒朱熹曾在这个村讲过1年学，并留下了一扇中堂屏风：

> 脱去凡近，以游高明，莫为婴儿之态，而在大人之器。莫为一生之谋，而有天下之志。……不求人知而求天知，不求同俗而求同理。

意思是说，脱离俗人去接近高明，不要做小儿之态，而要有大志：不单为自己一生去谋划，更要为天下人谋福祉。……做事不求人们的认可而只求问心无愧。

明朝时，王阳明也曾在大济村讲学，还留下遗墨："居天下之广居，立天下之正位，行天下之大道。得志与民游之，不得志独行其道。"

清朝时，大儒陆陇其也曾在大济村讲学3年，留下了《书济川中宅祠堂四箴》手书，"四箴"是指父子箴、兄弟箴、夫妇箴、朋友箴，共计五言八句四十个字。

村中的吴氏子孙从小就生活在大师们的教诲中，朱熹的要有"大人之器"，王阳明的"行天下之大道"，陆陇其对孔子"非礼勿视"等四勿的解说，已是深深融入村民们血脉之中，化作了大济村的村风。

谁是贤明的好官

杨溥（1372～1446年）与杨士奇、杨荣三人，史称“三杨”，是明代历史上著名的政治家。其中杨溥时人称之为“南杨”。

杨溥，湖广石首（今属湖北荆州）人，进士出身，曾任编修等官职，后被打入大牢关了10年，明仁宗即位后释放，逐步做到礼部尚书、武英殿大学士，依照明朝的官制，这是宰相一级的官员了。史书上说杨溥其人“有雅操”“质直廉静”。看来，坎坷的人生道路，让他成为一个外表儒雅，内心坚强、正直、廉洁的人。

杨溥在京城当宰辅时，儿子从老家来京城看他。杨溥见了儿子挺高兴，聊完了家务琐事，又顺便问：“你从家乡来京城，这一路上千里迢迢，经过了不少州县，一路上你可曾听说哪个地方的官员贤明呀？”

听到老父这个问题，儿子可打开话匣子了，说：“谁都好，唯独江陵县（今属湖北荆州）县令范理那个人不怎么样。”

听儿子这么一说，杨溥倒有了几分兴趣，问道：“你不就是在江陵住了一夜吗？怎么就能看出县令不怎么样呢？”

儿子气鼓鼓地说：“我这一路上，官员们知道我是当朝宰辅的儿子，谁不是远迎高送，热情招待。唯独这个范理，对我也太怠慢了，哼！”

杨溥听了，谆谆告诫儿子说：“这位县令敢把当朝宰辅的儿子视为一般百姓的儿子，没有世俗的势利眼作风，我看这个人不俗，你怎么还责怪他呢？”后来，杨溥又加以多方了解，证实范理确实是个清廉、正直的官员，在当地很受百姓爱戴。于是，杨溥亲自提拔范理做了知府。不久，又做了贵州左布政使，那已是省一级的官员了。

杨溥用事实告诉儿子，什么人是君子，什么人是小人，儿子也口服心服，杨家质朴正直的家风是多么可贵啊。

有了好家风，将门才能出虎子

明代抗倭名将戚继光（1528～1588年），可不是什么“横空出世”，而是将门虎子，是深受家风熏陶的。换句话说，没有戚家家风的影响，就不可能有后来的民族英雄戚继光。

戚继光出生在一个将门世家，曾祖父是最早向明朝政府建议加强海防，提防倭寇的官员之一。父亲戚景通是一位治军严明、武艺高强的将领。据说戚景通56岁时才有戚继光，老来得子，但并不娇惯，自小对儿子就要求十分严格：

——从小就教育儿子读书。戚继光看到父亲手不释卷，从小也养成了爱读书的习惯，后来他说过自己一生“不求安饱，笃志读书”。虽说是武将，可说起诗书，又像个儒生。

——从小就鼓励儿子从军。父亲告诉儿子，戚家世代从军，世袭武职，这已是天大的“恩典”了，一定要“身先士卒，临敌忘身”。后来父亲问起戚继光的志向，戚继光毫不犹豫地回答：“志在读书、习武。”

——从小就告诫儿子要为人正直。父亲告诉儿子，要带好兵，为将者必须正直，军纪严明。否则部下是不会追随你，更不会为你效命的。有一次，军中出了一个美差，不少人都想给戚景通送礼，想得到这个美差。戚景通一概不收，荐举了一个叫安荣的人。安荣自然十分感谢，送来100两银子。戚景通大怒，说：“我是替选拔贤能才推荐了你，没想到你也来这套，看来我是看错人了。”安荣只能满面羞愧地把银子收了回去。这些事情一件件、一桩桩都是戚继光亲身经历的。戚家军战无不胜，与军纪严明、奖罚分明是分不开的。

一代名将，正是戚家这个将门世家培养的。没有戚家的正直家风，怎么会有日后的戚家军统帅戚继光？而戚继光的一生，正如他自己写下的诗句：“封侯非我意，但愿海波平。”不看重官职，只要沿海百姓能安居乐业，就尽到了一个军人的职责。真不愧是将门虎子，国家栋梁！

《谕应尾、应箕两儿》

在明代奸臣严嵩当政期间，不少正直的官员都进行了抗争。杨继盛（1516～1555年），就是其中一位。他上疏力刻严嵩罪状被打入大牢，受尽折磨，后被处死。在狱中，他给两个儿子写了一封家书，这就是中国历史上有名的《谕应尾、应箕两儿》。在这封最后的家书中，杨继盛又跟儿子说了些什么呢？

他告诉儿子，人一定要立志。而且“众人皆贱恶你，你发愤立志要做个君子，则不拘做官不做官，人人都敬重你。故我第一先立起志气来”。

他告诉儿子，家庭要和睦，并具体说了与母亲、媳妇、亲戚应怎么相处。

他告诉儿子，应如何读书。“习举业，只是要多记多作”。读了书，要实践。“读书见一件好事，则便思量：我将必定要行；见一件不好的事，则便思量，吾将必定要戒。”

他告诉儿子如何处世。“与人相处之道，第一要谦下诚实。”他也告诉儿子，以后不当官也罢，若要当官，一定要“正直忠厚”，不可随他之“狂愚”，招致大祸。

杨继盛最后交代儿子，这封信写得很仓促，“拿去（给）你娘看后，做一个布袋装盛，放在我灵前桌上，每月初一、十五，合家大小灵前拜祭了，把这手卷从头至尾念一遍，合家听着，虽有（要）紧事，也休废！”

杨继盛遇害后，杨家子孙遵受祖训，每月初一、十五，全家祭拜完后，将信取出，从头到尾念一遍。人须立志，家庭要和睦，与人相处要谦下诚实……一点一滴，润入杨家子孙的血脉之中。容城（今属河北保定）杨家，几百年来，虽再未出什么大官大富，但一直是一个清白、正直、和睦的人家。

家训格言

凡人无论贫富，总要有常业。若资质愚蒙，不能读书，便不论农工商贾，称其材力，习成一业。只要专心成立，便是好子弟。最怕三心二意，杂乱不专，又怕心高志大，虚花不实，此两样人误尽浮生，百事无成矣。

——清·纪大奎《敬义堂家训述录》

远游冠

明代地理学家、文学家徐霞客（1587～1641年）写的《徐霞客游记》不仅是一部优秀的地理学著作，也是优美的山水散文，被称为“千古奇人”，也给中国地理学和文学留下了宝贵的财富。

“远游冠”，是徐霞客的母亲王氏给他亲手制作的一顶帽子。这位母亲，为什么要给儿子制作这么一顶帽子，并以“远游”命名呢？

原来，徐霞客自幼便对地理学有着浓厚的兴趣，老想着游遍天下名山大川。他的这一想法得到了父亲的支持，但不幸的是，徐霞客19岁时，父亲去世了。他很想实现儿时的梦想，但看到母亲年龄越来越大，又不忍心丢下母亲，一人出游。母亲看出了儿子的心思，她告诉儿子：“好男儿志在四方，你出外游历去吧！到天地间去舒展胸怀，广增见识。怎么能因为我在，就像关在藩篱里的小鸡、套在轩辕上的小马？你父亲在的时候，就支持你遨游天下，你只有展翅高飞，干出一番事业来，才是对你父亲在天之灵的最好安慰，也才是对我的最大孝心。”

徐霞客听了母亲的一番话，热泪盈眶，他激动地说：“好的，我听娘的话。孩儿一定不辜负您的期望。”

儿子准备上路了，母亲为他准备行装。油灯下，母亲给儿子缝制了一顶远游冠。在徐霞客启程的前一天晚上，母亲把儿子和儿媳叫到房中，只见她拿出一件东西，笑眯眯地看着儿子。只看那物，说帽子又不像帽子，足有一尺高，有一个展筒横在前方，上边还装饰有美丽的鹬毛。

徐霞客禁不住问道："母亲，这是什么东西？"徐母看着儿子，有几分得意地说："远游冠！"

"远游冠？"

"对，这叫远游冠。古代，人们出远门的时候，都要戴上这种帽子，以壮行色。我用三天三夜，给你赶制了这顶远游冠，就是希望你展翅高飞，鹏程万里。"

徐霞客听了，感激万分，流着热泪说："儿一定永远铭记您的教诲，一定要戴着这顶远游冠，踏遍我中华的万水千山。"

就这样，徐霞客带着母亲亲手缝制的远游冠，一次次走上征途，远游归家，他同老母亲讲述路途上惊险的经历，有的令人惊心动魄，而母亲却面不改色，真是有其母必有其子啊！

已经几次出游的徐霞客见母亲春秋已高，想起先贤孝道“父母在，不远游”，他的内心十分矛盾。年近八旬的母亲让儿子陪着自己到附近的山川游历了一番。一路上，她总是走在最前头，让儿子看到自己不服老的劲头，以打消儿子的后顾之忧。

正是在母亲的支持、鼓励，甚至鞭策下，徐霞客一生游历，直到54岁逝世。他绝大部分时间都是在旅行考察中度过的。徐霞客一生志在四方，不避风雨虎狼，与长风云雾为伴，听虫鸣鸟叫为娱，用野果充饥，以清泉解渴。他的足迹踏遍九大名山、大江大湖。有时遇到艰难险阻，走不下去，他都会想起母亲的教诲，从行李中翻出母亲当年制作的“远游冠”抚摩着，心中怀念母亲，身上似乎又有了无穷的干劲，再次鼓起勇气，踏上征途。

家训格言

自古人伦，贤否相杂。或父子不能皆贤，或兄弟不能皆令，或夫流荡，或妻悍暴，少有一家之中无此患者，虽圣贤亦无如之何。身有疮痍疣赘，虽甚可恶，不可决去，惟当宽怀处之。能知此理，则胸中泰然矣。古人所以谓父子、兄弟、夫妇之间人所难言者如此。

——宋·袁采《袁氏世范》

《庭帏杂录》：儿子眼中的好妈妈

明代的《庭帏杂录》是一部很奇特的家训。一般来讲，家训是祖先写儿孙看的，而《庭帏杂录》，却是袁衷、袁襄、袁裳、袁表、袁衮五兄弟，把父母尤其是母亲李氏对他们教诲的点点滴滴记录下来，汇集成书。

儿子们回忆，母亲待前房所生的两个儿子视同己出。一天，母亲看到亲生儿子袁裳穿了件新衣服，他说是父亲因他诗作得好赏给他的。没想到母亲却硬是逼着他脱下来："两个哥哥还没穿新衣，你怎么能穿？"直到两个继子都穿上新衣，才让儿子穿。两个继子说："母亲爱我们兄弟，超过爱自己亲生的儿子。"更让人感动的是，李氏还带着当时年仅四五岁的继子，每天祭拜自己的生母。人心换人心，继子都对李氏极为孝顺。

李氏很注意从小事入手培养孩子的品质。有一天，一条娶亲船撞坏了袁家的船舫，儿子们抓住不放，索要赔偿。李氏却说，让人家走吧，要不婆家会说不吉利，怪罪到新媳妇身上。袁衮回忆说，有一次上学路上，家童顺手摘了些蚕豆给小主人吃。李氏知道后教育儿子说："农家就靠这个吃饭，你们怎么能私自摘人家的蚕豆呢？"让儿子拿一升米，赔给农户。李氏上集市买东西时，付银子时总要多付一点，并教育儿子说："这样一年也花不了多少，但这样做，内不损己，外不亏人。你们以后也应这样做，切记。"

袁家是一个家有藏书2万多卷的书香门第，又有这样伟大的母亲，修身积德，积善行善，救世助人，成了袁家世代相承的家风。

家族兴旺的秘籍

位于黄河三角洲的滨州，有一户姓杜的人家，自明清以来500多年，有多人考中科举，有过“一门七进士”“父子五翰林”的辉煌。那么人们不禁要问：这么一个世代兴旺的家族，是怎么做到的？又有什么“秘籍”吗？别说，还真有，这就是《杜氏述训》。

《杜氏述训》一书的作者，是滨州杜氏第14世孙杜堮（1764～1859年）所写。杜堮是什么人呢？他是个饱读诗书的学者，经历了乾隆、嘉庆、道光、咸丰四朝，官至礼部侍郎。他参透人世，阅人无数，遂于清道光年间写下《杜氏述训》，留与杜氏子孙。

《杜氏述训》共8400多字，分成48段，内涵十分丰富，其中的处世智慧，更是杜家经久不衰的“核心机密”。有学者将其归纳为以下几条：

第一条，人贵有自知之明，而又时时保持着一颗上进之心。

《杜氏述训》一开篇就说：“自见之谓明，自听之谓聪，自胜之谓强。人惟不自见、自闻而后自是。既自是矣，长傲益怠，何有于强？乃所谓大愚也。子弟至是，父兄不以为忧而反为喜，其父兄亦大愚也。”

这段话的大意是说，人，一定要有清醒的自知之明。如果没有自知之明，一定会自以为是，骄傲自满，懈怠懒惰。这可真是太愚蠢了。一户人家的子弟如果落到这个地步，家中的长辈还不以为忧反以为喜，那么这家的长辈也实在是太愚蠢了。

杜堮把这段话放在开篇，实在是大有深意啊！因为他看到一个人一生有无成就，有人是缺少自知之明，当官不配位，为学智不足凭，自然难以成事；可也有人却又走向另一极端，表面看好像颇有自知之明，安贫乐道，其实是与世无争，得过且过，毫无壮志。杜塄以为，一个人，既要有自知之明，又要自强不息。用杜塄的话讲，就是“自胜”，战胜自己！

第二条，子孙一定要读书，读书是为了提升自身素质。

杜塄强调子孙不管天禀如何，都得读书。“每见顽愚下质学书不成，去而他适，终其身，悖理伤教之言不敢出也，干名犯义之事不敢居也，只为曾经读书，则亦有主于其中矣。”用今天的话讲，读了书，做事情应有底线，至少不至于作奸犯科。更为难能可贵的是，杜塄还提出了“学而优则仕，不优则不仕，优亦不必仕”的观点，对中国传统的读书做官提出了异议，认为当地人“视有官为荣，无官为辱”，岂不知在乱世中“无官反荣，官反辱者，比比而是也”。当官也未必是什么好事。不当官，读书是为了什么呢？杜塄也有自己的观点，用今天的话讲，就是为了提升自身的素质。在那个时代，杜塄就有如此见识，实在是让人感叹。正是因为杜氏家族有如此见识，才使得他们站得更高，走得更远。

第三条，懂得付出，低调做人。杜塄时时提醒子孙不要忘记“己所不为，勿施于人”这个道理的用心良苦。所以《杜氏述训》一再强调“凡能照管他人者，其后多能全自己”，即能先想着他人、照顾他人的人，最后也一定能够达到自己的目标。

是不是在与人相处时就一味退让，委曲求全呢？也不是，《杜氏述训》认为，与人产生了矛盾，也应据理力争，但最好的结局是“争而不胜，其让也”。意思是说，即使因有不同意见而发生争执，然而在争执中相互忍让，这样关系中也不会不好。这才是一个世代不衰的大族应有的处世智慧啊！

“质朴雅素之风”是传家宝

江苏兴化成氏家族，祖上传下的家风是“质朴雅素之风”。“质朴雅素”，大意是朴实自然，表里如一；而有个“雅”字，说明这家人还是有文化的；有个“素”字，说明这家人无事不登公门，远离是非，干干净净。

据《兴化成氏家谱》，成家大约是元末明初从苏州迁徙来的。成家在苏州时，据说是“富甲一方”。到了兴化，积德存仁，洪武年间，成家后人成琎（1359~1408年）已做到兵部尚书，成家遂成兴化大族。如今去兴化，还可去刚刚维修好的成家大司马府参观。那可是一处东西两轴，东轴有六进院落，西轴有七进院落的“大宅门”。

从史料看，成家列祖列宗，最热衷的不是升官发财，而是“课徒兴学”。成家祖先成咏，到沛县当官，看见学生连桌椅都没有，就自己花钱买了40张大桌、40张凳子，可不少学生因家贫还是不来上学，他又拿出钱做“学租银”，帮助贫困学生完成学业。成家还有一个传统，每到隆冬，用布袋装上钱、米，“深夜抛至贫家，不令人知”。

如今，成家已传至20多代，成家子孙，有官员，有学者，有商人，有农民，但不管做何职业，都不矫饰、不做作，乐于助人，读书上进。而这良好的家风给成家子孙带来的，必将是更大的成功。

诲学说

【原文】

玉不琢，不成器；人不学，不知道。然玉之为物，有不变之常德，虽不琢以为器，而犹不害为玉也。人之性，因物则迁。不学，则舍君子而为小人，可不念哉？

——宋·欧阳修《欧阳修全集》

【译文】

玉石如果不经过琢磨，就不能变成有用的器具；人如果不通过学习，就不能懂得为人处世的道理。玉石作为一种物质，有它不能被改变的品性，即使不被琢磨成为器具，也不损害它作为玉石的本性。人的本性，也随着外界事物的变迁而发生变化。不好好学习，就会舍弃君子不做，而沦为小人，怎么可以不深思这个道理呢？

熊太孺人的首饰

看过电视剧《三国演义》的话，对那首题为“滚滚长江东逝水”的片首曲应该不会陌生。这首歌的词作者是谁呢？是明代的杨慎（1488～1559年）。

杨慎出生于四川新都（今属四川成都）一个门庭昌盛、科甲蝉联的家族。人称“一门七进士”，有明一代，四川只出过一个状元，就是出自杨家。

其实，从杨慎往上推四代，杨家还只是个无名望的小门小户。这家人之所以能兴旺昌盛，与一位熊姓女子有着极大的关系，这就是后来被人尊称为“熊太孺人”的熊氏。这位熊氏，出身新都望族，丈夫杨玫科举无望，只能屈居在贵州做一个小小的吏目。熊氏安贫乐道，相夫教子，不料丈夫忽染重病，不治身亡，留下孤儿寡母，好在儿子杨春十分懂事、聪慧。据说病榻上的杨玫含泪握着儿子的手对熊氏说：“此儿在，何忧吾家不振。”

孤儿寡母把杨玫的棺材运回家乡安葬，路途艰难，断断续续竟走了3年才回到家乡。一路上熊氏严守“男女有别”的古礼，颠沛流离中仍不许男女混杂居住。儿子看到了一位坚韧、知礼的母亲，更加懂得了读书兴家的道理。

回家安葬了丈夫并服完丧，熊氏就让杨春入县学读书。此时杨家已是一贫如洗，没有钱交学费，熊氏就变卖了自己最后一点值钱的东西。

杨春不负母望，学习十分出色，但他考中进士时已是46岁了。在此之前，他的儿子早已考中进士。熊氏不仅看到儿子、孙子考中进士，而且还看到日后考中状元的曾孙子杨慎的出生，一直活了80多岁才安详辞世。

“戴状元帽”的城墙

杨春考中进士时，儿子早已在3年前考中进士。父子同朝为官，诸多不便。杨春便辞官回乡，孝敬母亲，在家乡一待就是18年。

这时杨家可真是今非昔比。杨春共生7子，其中一子早逝，其他6子，两个进士、两个举人、一个国子监贡生，科甲之盛，无人可比。但熊氏仍很清醒，多次跟儿子回忆起当年的艰辛岁月，说：“咱们杨家，不仅要多读书，更要多行善事，家运方有望长久。”杨春深以为然。

这一年，杨春的孙子杨慎考中了状元，这不要说在新都，就是在四川都是从来没有过的荣耀。当地的官员、士绅商议要立个牌坊，以示表彰。杨春知道后，劝说道：“本县临近省城成都，人口众多，但城防并不牢固，城墙也年久失修。明天顺八年（1464年）有人造反，打到县城，百姓们拖家带口竟无处藏身的场景，至今我仍记忆犹新。如今何不用这笔钱加固城墙呢？”大家欣然接受杨春的建议。工匠们心存感激，翻修城墙时，巧妙构思，在城墙的雉堞上用了两层红色条石，远远望去，好像是给城墙戴上了一顶状元帽。

新都城墙加固不久后，正遇上流寇攻打成都一带。邻近方圆百里的百姓，都纷纷避入坚固的新都城。假如城墙没有修缮，那可真是又免不了一场杀戮。

这座积下大功德的“戴状元帽”城墙今天还在，已成为人们怀念善于读书而又多行善事的杨家家风的名胜古迹。

劳动传承好家风

中国古代不少大户人家，都强调让子弟读书，而明代广东南海（今属广东佛山）的霍家，却将子弟须参加劳动载入家训，并世代坚守，形成家风。要知道，霍家可不是一般人家，祖上霍韬，是明代正德九年（1514年）会试第一，官至吏部侍郎、礼部尚书。霍家的墓地，有明代嘉靖皇帝写的祭文。这样的人家，子孙为什么还要参加农业劳动呢？

霍韬在家训中写道：“大凡子侄这代人，多数都不愿意参加农业劳动。他们不知道幼时参加一些农业劳动，能懂得粮食来之不易的道理，不会产生奢侈的心理；幼时参加农业劳动，就会形成敦厚老实的性格，不会产生邪念；幼时参加农业劳动，亲身体验到辛苦的滋味，就能一心向善，避免罪过。所以子侄不可不参加农业劳动。”

霍韬认为，让孩子从小多参加农业劳动，就会养成节俭、敦厚的品性，没有坏处；否则，不劳而食，好逸恶劳，久享富贵，总有一天会家道衰落，穷困潦倒。他对家中的子女都提出了劳动的要求，农忙时节，都必须要去参加农业劳动。一天之内，一年之内，要有相对固定的劳动时间。如果子弟有偷懒、耍滑不事农作者，要给以必要的体罚，“初犯责二十，再犯责三十，三犯斥出，不许入社学”，剥夺学习机会。霍韬家训特别强调了劳动的重要性，在中国古代大户人家的家训中十分少见。

择人如择师

明代姚舜牧（1543～1622年）所著《药言》一书中说："士大夫教子弟，乃第一要紧事。童蒙时，便宜淡其浓华之念。子弟得一贤人，胜得数贵人也。子弟可终岁不读书，不可一日近小人。"

这段话的大意是讲，读书人家教育儿孙，是第一要紧的事情。幼儿启蒙时，要注意时时淡化他们安逸享受、高人一等的念头。儿孙得到一位贤人教导，胜过结识数位贵人。宁愿儿孙一年不读书，也不可一日亲近小人。

古人以为，一方面要培养孩子吃苦耐劳的品德，一方面要寻良师教导，这样内外相结合，孩子可望成才。而小人的害处，甚至比不读书还大，因为儿童如一张白纸，不读书，至多是不进步，而近小人，则极易学坏。

清代李惺（1785～1863年）所著《冰言》里也有类似的话。他认为，子弟若是一天到晚闷在家中，不见客人，多不免于粗鲁。不过，也要看是什么样的客人，如果是那种十分俗气的客人，恶声恶气的客人，说起话来或是卑鄙猥琐，或是不着边际，或是云山雾罩，甚至是十分不堪入耳，儿孙辈在旁听了，耳朵里听进一句，就不免在心中种下一颗日后作恶的种子。故而子弟应远离坏人。

可见，姚氏、李氏均十分重视孩子与何人交往，所谓"择人如择师"，这已成为家中规矩，形成家风。

治家之道，惟曰勤俭

河南嵩县王家，是一个有着深厚文化底蕴的家族。祖上王古宝（1319～1403年），曾任明礼部尚书，在家乡任过伊川书院山长。王家家训的第一句话，就是“治家之道，惟曰勤俭”。

周南王氏第四世孙王振，10岁时父亲即去世。父逝、母寡、弟幼、产薄，王振早早地担起了家务担子，与母亲一道种地打柴，不辞劳作。堂兄弟王能，不但不和睦相助，反而恣意欺凌。每当吃饭时，他便索要酒肉，并且侵夺土地，美其名曰养赡田，而里正敲诈勒索也没完没了。为了生计，王振不得不向富人家借债，辛辛苦苦劳动一年，只是偿还了借款和利息，而家中却没有一升粮食。

王振痛定思痛，哭着对母亲说：“我们家数口人累死累活干一年，还不够活生计、供差徭，拿什么偿还贷借呢？”他发誓从今以后，即便饿死也不向富人借贷，于是艰苦创业，图谋振兴。农闲的时候，他就担柴到市场上卖，然后买些衣食，母亲王氏和妇人张氏还不时为别人家做针线活，赚些钱粮。

适逢严冬，听说莘店的炭价涨得很高，王振便担炭前往。当时大雪连旬，雪深数尺，出去了12天，还不见归来，家里人日夜哭泣，以为他冻死了。结果几天后，他忽然归来，还赚了钱。王家上下就这样勤不遗力，俭不遗糠，节衣缩食，日积月累，到王振40岁时，家里已经比较殷实。平生不妄言笑，厚爱亲戚，救济穷人，村里的人都很敬重他。就这样，王家凭着祖传“勤俭”家风，又慢慢兴盛起来。到了10世孙王溯维时，又考中进士，官至浙江布政使参政，兼任浙东观察使。雍正皇帝曾3次召见他，称他为“江南好官”。

家训格言

吾尝言人生须分三截：少年一截，中年一截，晚年一截，此三截中无一毫拂逆，乃是大福全福，未易得也。三截中有两截好，已算福分矣。但此两截好，须在中晚方佳；若晚年不好，便乏味也。必不得已，中一截不好，犹之可耳。汝少年总算顺境，但愿以中年之小不好，博晚年之大好，仍不失为福慧楼中人。

——清·俞樾《诫女不畏吃苦》

勤为治生之要

【原文】

古人云，自食其力。惟力然后得食，未有坐而得食者。坐而得食，世惟有两样人：贵人之子，富人之子是也。父祖用许多力，得了富贵，而子享之，此享父祖之馀力也。若父祖既不富贵，而我不用力而食，其可得乎？故勤为治生之至要也。

——清·高拱京《高氏塾铎》

【译文】

古人说，自食其力。只有出力然后才能得到“食”，没有坐着天上掉馅饼的。坐着不干就有饭吃，世上只有两种人能做到：富贵人家的子弟，有钱人家的子弟。祖宗父辈用了许多力气，挣得富贵，而子孙享用。这是在享受祖宗的余荫。如果祖宗并不富贵，自己又不努力，能有饭吃吗？所以，勤劳是生活中至关重要的品德。

一件皮袄

明朝时，宜章（今属湖南）郴州有一户姓邝的人家，这家人可不是一般的百姓，而是当地人人皆知的官宦之家。邝子辅，曾做过县令，儿子邝野（1385～1449年）就更了不得了，官一直做到监察御史、陕西按察副使、兵部尚书。

邝子辅的妻子去世后，他一直没有续弦，父子二人相依为命，感情很深。邝野在陕西当官时，想念远在老家的父亲，看到官府仓库里有皮袄，老家没这东西，便拿了一件，派人送给父亲。父亲接到了皮袄，知道这是儿子一片孝心，十分高兴，但问清这皮袄是从官府仓库里拿的后，十分恼怒，立即退入书房修书一封，连同皮袄，让来人带回。

这封信大意是这样的："我安居家中，衣食不愁，你又常将俸禄捎给我，够吃够用了，不需要你再给我带什么东西了。可这次你竟擅自拿官府仓库里的东西'孝敬'我，这哪里像个父母官的样子？这不是在孝敬我，穿上这件皮袄，我会终生不安，希望这种事是头一次，也是最后一次。"

邝野接到父亲退回的皮袄，又反复读了父亲的信，心中十分不安，忙给父亲回了一封信，深深自责，并表示皮袄已退还官府仓库中。

有一次，邝野写信劝说父亲到陕西去与他同住，并说为父亲安排个乡试考官的职务，一来有点事情做，二来也有份俸禄。这不是挺好的事吗？不料父亲又在信中将他狠狠训斥了一顿："儿子做上司，父亲做考官，这样怎么能防备和禁止渎职呢。你以为这是孝敬吗？看来，你把我对你的教导全忘了。咱们邝家，一定要保持清清白白的门风，才真是孝顺父母。”父亲的话如当头棒喝，邝野忙回信道歉说：“父亲大人息怒，我一定改正。”父亲才慢慢消了气。

渐渐地，邝家严于教子、家风整肃的名声传了出去，甚至连皇帝都知道了。皇帝见邝野身世清白，政声也不错，十分器重，就把他调入京城，委以重任。

以俭佐廉的顾家家风

南京城原花露岗39号，原是明代学者顾起元（1565～1628年）家的“遁园”所在地。这座明代宅院今已不存，后人在故址抒发思古之幽情，更多地怀念古人传下的“勤苦自立”“以俭佐廉”的家风。

据《顾氏家谱》等文献记载，顾家的男人个个勤苦自立。顾起元是科举探花，官至吏部左侍郎，后因厌恶朝政腐败，辞官回家，专心学问。据说朝廷曾7次下诏让他出山任职，他都拒绝了。据传遁园临街门额上，原有刻有“七征不起”4个大字。顾起元的曾祖父、父亲，也都是清慎自守的谦谦君子。二弟顾起凤，为人公正廉洁，进士出身。四弟顾起贞，官至户部员外郎，掌管钱粮大权，为官十分清廉。

顾家的女人则“极具贤德”，不论丈夫当多大官，生活都十分节俭，被称为“以俭佐廉”。

有了“勤苦自立”“以俭佐廉”的家风，顾家后人不论是顺境还是逆境，均能刻苦自立，壮大门户。如今顾氏家族，已传至10多代。顾家长辈的言传身教，激励着后世子孙勤学上进。勤苦自立、以俭佐廉的顾氏家风，虽历经300多年，仍可让今天的子孙辈深受其益。

一幅《朱墨竹图》

浙江余姚施家，明朝末年出过一个大清官、大忠臣，叫施邦曜（1585～1644年）。他在福建当左布政使即将调任京城时，有个朋友知道他喜欢字画，便带来一幅珍贵的《朱墨竹图》送给他。施邦曜对这幅画喜欢得不得了。他姐姐的儿子在一旁说：“一幅画而已，喜欢就收下吧。”施邦曜坚辞说：“不行，今天收了这幅画，明天就会有人送别的礼物。这个欲望之门不能开。”

施邦曜还喜欢游玩山水，他在四川任职时，有人提议到峨眉山游玩。施邦曜却说：“上级官员，一出动必然会给下级属吏造成许多应付和接待上的麻烦，浪费百姓众多的财力和物力，还是不去为好。”为官廉洁爱民到如此地步，这是怎样的家教，才会教育出这样的子孙？

其实，看看流传至今的《施氏治家十训》就不会有什么疑问了。施家家风，首重立志。家训曰：“人各有志，或大或小，亦贤亦愚，当观其器。志者，可以为职，以志之业者为职，然。职者，唯糊口养身也，物质，下，故曰职；志者，三立以为世人之模范，精神，上，故曰志。”用今天的话说，大意是说各人有各人的志向，有的人志向远大，有的人志向渺小，有的人贤惠聪明，有的人愚笨无能，应当观察各人的才能以确定培养目标。立定了志向的人，可以务业，这是最好的。职业，仅仅是为了养活全家和自身，这是物质性的基础行业。志向，有立德、立功、立言，这是全社会的模范，是属于精神方面的高层次的追求。

“还金井”的故事

河北省博野县南林里村，有一口古井，井前还有一块石碑，上有明代礼部尚书冯琦撰写的碑文。当地老乡都知道那碑文，写的是徐家祖上徐恭拾金不昧的事情。那口古井，也就被老乡们称作“还金井”。

据史书记载，生活在明朝万历年间的徐恭，不过是一个普通农民。一天，他正在井旁取水浇园，有个过路人带着一袋银子路过，把袋子放在树下，向他讨水喝。喝完水，过路人起身便走，走出去好远才发现袋子丢了，一路号哭着找回来，说是袋中有300两官银，丢了就是倾家荡产也赔不起。徐恭取出袋子完璧归赵。这人大喜过望，愿意留一半给徐恭，以表谢意。徐恭坚辞不受，那人只好再三拜谢，并说：“愿徐氏代代都有贤子孙！”

徐恭家虽说在村中只是一个普通农户，但儿孙本来就是出了名的好学上进。徐恭的孙子徐鸾、徐凤同时考中了举人。徐恭的曾孙、玄孙，也都考中进士。一直到明末崇祯年间，徐恭的八世孙徐宏又中了举人。到了清代，徐氏后人仍有中举、中进士者。徐氏家族，遂成博野当地首屈一指的名门望族。当地的老人们谈到徐家时都爱说：这是徐家祖上积德哟！

徐氏后人一代又一代地传颂着祖上拾金不昧的故事。老辈人告诉年轻人，徐家正是靠着好名声，再加上子孙努力，才会家族兴旺。“还金井”的故事，还会一代一代讲下去。

“彼子贵不如吾子安也”

在江苏兴化城，一说起李家，老辈人都知道：那可是出过状元的人家。是的，李家祖上李春芳（1510～1584年），明嘉靖二十六年（1547年）状元。

李春芳喜欢写“青祠”（道家意境的词），而嘉靖皇帝又十分热衷炼丹服药。李春芳恩宠日隆，一路做到了内阁首辅，也即一人之下、万人之上的宰相。这个位置，当然是众多向往权力的人觊觎的对象。李春芳深感高处不胜寒，想到以往严嵩诛杀夏言，徐阶斗倒严嵩。身为首辅者几无一善终。李春芳连上7道奏章，请求回乡，终于在61岁时获准。此时李春芳的父母尚健在。“春芳归，父母尚无恙，晨夕置酒食为乐，乡里艳之。”乡邻们都很羡慕李家能够安享天伦之乐。

李春芳曾经位极人臣，看透了官场。所以他对子孙并无一定要考中科举的要求，但书还是要读的。李春芳晚年时，有人告诉他，当朝权臣张居正的3个儿子，都高中进士。李春芳脱口说了一句：“彼子贵不如吾子安也。”意思是说，他儿子显贵，也比不上我儿子安逸。事情还真是如此。张居正的3个儿子一个自尽，两个充军。而李春芳的3个儿子，虽说官不大，但都是从容淡定，平安本分。李氏子孙也一直遵循李家家风，精读诗书，远离官场。

俭者，君子之美德

【原文】

俭者，君子之德。世俗以俭为鄙，非远识也。俭则足用，俭则寡求，俭则可以成家，俭则可以立身，俭则可以传子孙。奢则用不给，奢则贪求，奢则掩身，奢则破家，奢则不可以训子孙。利害相反如此，可不念哉？富家有富家计，贫家有贫家计。量入为出，则不至乏用矣；用常有余，则可以为意外横用之备矣。

——宋·倪思《经锄堂杂志》

【译文】

节俭，是君子的美德。然而世俗却以节俭为吝啬，这真是没有远见啊。节俭，能够保持家中供给充足；节俭，能够消除欲求；节俭，能够经营好一个家庭；节俭，能够在世上立身；节俭，能够教育好子孙。奢侈，用度就会无法供给；奢侈，就会贪心、多欲求；奢侈，就会害了自身；奢侈，就会败家；奢侈，就无法训导好子孙。节俭的好处与奢侈的坏处区别如此明显，怎么能不好好引以为戒呢？富裕人家，有富裕人家的治家之道；贫寒之家，有贫寒之家的治家之道。量入为出，就不会导致青黄不接；家中资财常常有结余，就可以为预防发生意外之事做准备。

朱柏庐及其治家格言

朱用纯（1627～1698年），号柏庐，江苏昆山人，明末清初著名理学家、教育家。朱柏庐一生始终未入仕，而是潜心治学，隐居教读，教授乡里。他以程朱理学为本，提倡知行并进，躬行实践。康熙皇帝曾几次发诏书要他出来做官，他从未应诏。在隐居期间，他将自身经历与体验，写下了对后世影响极其深远的《治家格言》。

朱柏庐的父亲朱集璜是明末学者，一生注重学问修养。清顺治二年（1645年），守昆城抵御清军，城破，朱集璜投河自尽。朱柏庐昼夜恸哭，痛不欲生。他的两个弟朱用白、朱用锦年纪尚幼，他上侍奉老母，下抚育幼弟，颠沛流离，备极艰辛。但他一心致力于学习，继承父亲以学化人的遗志，从未松懈。他因为敬仰二十四孝中为怀念父亲而终生不面向西坐的王修，以及在父亲墓前攀柏悲号的王裒，就自己改号为柏庐。

朱柏庐深受父亲的影响，认为“子孙虽愚，经书不可不读”，但“读书志在圣贤，非徒科第”。意思是说学习的目的不是科第功名，而是做人。他在临终前嘱弟子：“学问在性命，事业在忠孝。”意思是，学问是用来修身养性的，事业是用来尽忠尽孝的。

朱柏庐很有学问，但从不忘勤劳治家。朱柏庐在《治家格言》中强调了勤劳是每一个家庭成员必备的品质，耕读为本，以勤治家。“黎明即起，洒扫庭除，要内外整洁。既昏便息，关锁门户，必亲自检点。一粥一饭，当思来处不易；半丝半缕，恒念物力维艰……”

朱柏庐《治家格言》成为家喻户晓、脍炙人口的教子治家的经典家训，在今天仍然具有教育意义。

家训格言

黎明即起，洒扫庭除，要内外整洁。既昏便息，关锁门户，必亲自检点。一粥一饭，当思来处不易，半丝半缕，恒念物力维艰。宜未雨而绸缪，毋临渴而掘井。自奉必须俭约，宴客切勿留连。器具质而洁，瓦缶胜金玉。饮食约而精，园蔬胜珍馐。勿营华屋，勿谋良田。

三姑六婆，实淫盗之媒，婢美妾娇，非闺房之福。奴仆勿用俊美，妻妾切忌艳妆。祖宗虽远，祭祀不可不诚，子孙虽愚，经书不可不读。居身务期俭朴，教子要有义方。勿贪意外之财，勿饮过量之酒。

与肩挑贸易，毋占便宜，见贫苦亲邻，须多温恤。刻薄成家，理无久享，伦常乖舛，立见消亡。兄弟叔侄，须多分润寡，长幼内外，宜法肃辞严。听妇言，乖骨肉，岂是丈夫；重资财，薄父母，不成人子。嫁女择佳婿，毋索重聘，娶媳求淑女，毋计厚奁。

见富贵而生谄容者，最可耻，遇贫穷而作骄态者，贱莫甚。居家戒争讼，讼则终凶，处世戒多言，言多必失。

——清·朱柏庐《治家格言》

满门铮铮铁骨

在今日安徽省桐城市桐城中学院内，有一座“左忠毅公祠”。这是为明代诤臣左光斗（1575～1625年）而修的。左光斗是一个怎样的人呢？老辈人说，左家，那可是当年桐城大户人家，这一家人都是铮铮铁骨。

据史籍记载，明成化年间，赋税太重，不少百姓被逼得东躲西藏，甚至家破人亡。桐城名门左家当时当家的叫左麟，实在看不下去，便替穷人完税，没钱了，就卖田，还缺钱，就借贷。可完不了税的穷人实在太多了，他决定上京城告御状。真如同过去的戏曲编的一样，左家有个仆人，叫左恩，怕主人为此招祸，偷偷把状文藏在怀中，击鼓闯殿，结果被禁兵乱棍打死。此事惊动了朝廷，皇上召见了左麟，下旨减税三分之一。

左麟的孙子叫左出颖，是个秀才，喜读史书。那时太监专权，朝政腐败，他就编了一本《读史拾余》，讲的都是史上党祸之事。儿子左光斗考上进士后，他将此书送与儿子，勉励儿子做个堂堂正正的君子，不要如当时一些所谓的“读书人”一样巴结“阉党”。左光斗后来被“阉党”迫害致死，这位父亲也只是默默流泪。直到他84岁那年，左光斗平反昭雪，重新祭葬，他才仰天痛哭，之后对家人说：“我今天可以死了。”

左光斗，是“万历六君子”之一，与“阉党”势不两立，被号称“九千岁”的大太监魏忠贤罢了官，下了死牢。据县志说，东厂来桐城抓捕左光斗时，满城百姓头顶明镜，手端清水，哭号相送。左光斗在牢中的情形，幸有清初学者，同为桐城人的方苞写的《左忠毅公逸事》一文，保存了这段凄惨而又珍贵的历史。

据此文讲，史可法化装成淘粪的，偷偷去锦衣卫的死牢探望老师。死牢中灯光摇曳，阴森恐怖。史可法看见老师“席地倚墙而坐，面额焦烂不可辨，左膝以下，筋骨尽脱也”。史可法跪在老师面前，抱着老师哭出声来。左光斗听出是他，用手拨开被打肿的眼睛，“目光如炬”骂道：“庸奴！此何地也？而汝来前。国家之事，糜烂至此，老夫已矣，汝复轻身而昧大义，天下事谁可支柱者？不速去，无俟奸人构陷，吾今即扑杀汝！”

大意是说，这是什么地方，你来干什么？国家已糜烂至此，我就算了，你怎么能忘掉自己的责任，轻率地跑到这里来？快走，不走，别说小人陷害你，我也要杀了你！

史可法后来常流着眼泪和人说：“吾师肺肝，皆铁石所铸造也！”其实，史可法是左光斗最看中的学生。史可法考上进士来家中拜谢恩师时，左曾对其夫人说：“吾诸儿碌碌，他日继吾志事，惟此生耳。”当然，左光斗的儿子并非是碌碌无为之辈，而皆是疾恶如分的饱学之士。另外，左光斗的两个弟弟左光先、左光明和他的两个儿子左国柱、左国栋，后来在南明任职，但仍不改正直清白的家风。

左光斗这位铮铮铁汉的形象，以往并无从知晓。幸运的是，左氏后人左孝礼，献出了左家子孙珍藏了300多年的《左忠毅公遗像》，专家鉴定为明末清初时作品，端详画像，只见左光斗穿着明代五品文官官服，目视前方，眼含忧郁。左家那向死而生的家风，透过他的目光，传递至今。

“第一清官”于成龙

被康熙誉为“第一清官”的于成龙(1617～1684年)，不仅清正廉洁、刚正不阿，而且体恤民情。

于成龙在武昌知府四年任满后，升湖广下江陆道道员，驻地湖北新州（今新春县）。他尽管官阶升高，生活环境有了很大改善，但他仍然保持艰苦的生活作风。在任期间，恰遇灾荒，于成龙将细米糠作为粮食，掺到米中一起煮粥，以此节省粮食救济灾民。当地百姓流传一首歌谣：“要得清廉分数足，唯学于公食糠粥。”为使灾民及时得到救济，于成龙把仅剩的一匹供骑乘的骡子也卖了。这样以身作则，感动的当地富户纷纷解囊救助，使得灾民因此得到更多救济而渡过灾荒。

于成龙这样做有其家风渊源。他的祖父就是一位行好积善的人。一年，江南人来山西做生意，忽然身患重病，困倒在村里，行动十分困难。于成龙的祖父见远路之人无人照顾，便收留了他，精心服侍，生意人终于痊愈。

于成龙的父亲是一个做豆腐生意的小商人，一生勤俭，尽力供养于成龙读书。于成龙终于不负父亲的期望，终于学有所成。出仕之后，勤政廉洁。于成龙去世后，他的这种广济灾民的家风也留传给子孙。他的孙子于准在任江苏巡抚期间，遇上天灾，便向朝廷请示，想方设法赈济灾民。

“皇城相府”，清白人家

一说起清代的清官，大家都会想起山西籍的著名清官于成龙。其实，清代还有一个同样是山西籍的清官陈廷敬（1639～1712年）。说起陈廷敬，大家或许不太熟悉。可一说起山西晋城著名的旅游景点“皇城相府”，一说起《康熙字典》，不少人会很熟悉。“皇城相府”正是陈家的老宅，而陈廷敬正是《康熙字典》的总纂修官。

去过位于晋城市阳城县皇城村“皇城相府”的人都知道，那可是一个分为内城（明代所建）和外城（清代所建）的宏大建筑群，是集古代民居、官宦宅邸、庙院宗祠、书院学堂“混搭”而成的大型相府，康熙皇帝都来过两次，称为“皇城”，并不为过。或许有人会问了，陈家不贪污，哪来这么多钱？陈家在明代就以煤、铁起家，富甲一方。也正是有了强大的经济实力，陈家子孙才可安心读书，清廉做官。

据陈家老辈人讲，陈廷敬的父亲陈昌期常跟儿子说：“你能当个廉洁正派的好官，就是对我最大的孝敬了。”母亲也常跟他说：“你的一切花销，家里都会帮你解决，千万不要贪财。”所以陈廷敬历任工部尚书、户部尚书、刑部尚书、吏部尚书等掌实权的大官，但一直是“绝请托，禁馈遗”。

陈家子孙自小就要背诵陈家3世祖留下的3首诗、3首词。陈廷敬说，陈家之所以能起家、发家，“实肇于此也”。这几首诗词主要是劝诫子孙要勤、俭、学、善、廉。只说陈廷敬子孙中，又有6人考中进士，官职虽说没有祖上显赫，但都是清清白白、平平安安。用陈廷敬的话讲，就是“清贫耐得始求官”。

如今，陈家子孙仍然不敢忘陈家的家风。陈廷敬的后世子孙说：儿时父母要求背陈氏家训，当时特别烦，但长大后，才知道这对自己做人做事帮助太大了，才理解了祖先和父母的良苦用心。

家训格言

贫富何常？只要自身上通达得去，是故贫当思通，不在守分；富当思通，不在知足。不阙祭享，不失庆吊，不断书香，此贫则思通之法也；仗义周急，尊师礼贤，此富则思通之法也。

——明·温璜《温氏母训》

诫子孙诗

【原文】

岂因宝玉厌饥寒，愁病如予那自宽？
憔悴不堪清镜照，龙钟留与万人看。
囊如脱叶风前尽，枕伴栖乌夜未安。
凭寄吾宗诸子姓，清贫耐得始求官。

——陈廷敬

【译文】

怎么能因为见到宝玉就厌恶饥寒交迫的生活，使像我这般愁病身的人如何能够放心自宽？

连日以来憔悴不堪的形容甚至不忍用镜子来照，但我年老衰颓的样子却敢于留给天下人看！

虽然我的钱袋空空如也，好似落叶随风凋零，如今在我枕边栖宿的乌鸦却彻夜啼鸣，令人不安。

因此寄语我宗族的子孙后辈们：只有能够耐得住清贫的生活，才有能力去求取功名。

教子功夫在何处

江苏太仓（今属江苏苏州）陆家，明末清初时出了一位大学者，叫陆世仪（1611～1672年）。明朝灭亡后不再事科举，专门讲学。

陆世仪博学多才，天文、地理、河渠、兵法等无所不通。但鉴于明朝空读误国，他尤重实学。一介书生，竟专门拜被誉为“江南第一”的石敬岩（？～1635年）为师学习舞枪弄棒。又研习阵法，编写《八阵发明》，深得当时的大儒顾炎武赞许。他还写过《淘河议》《决排脱》《建闸议》等，用今天的眼光看，相当于水利科学的一系列专业论文。他讲学时告诉学生，学问不仅仅是经史子集这一套书本知识，其他“如天文、地理、河渠、兵法之类，皆切于实用，不可不讲”，鼓励学生要“体用具备，文武兼资”。用今天的话说，就是既有理论，又有实践，能文能武，方可救亡图强，振兴国家。

至于自家子弟，陆世仪说，“教子功夫，第一在起家，第二在择师”。起家，就是能让一个家兴旺发达起来。可以是通过科举起家，也可以是通过发财起家。这比过去讲的读书中举，要宽泛一些。他还主张15岁以前多背，15岁以后多悟。“故凡有所当读之书，皆当自十五以前使之读熟。”悟是非常重要的，“学者，所以求悟也”。

不仅“清廉”，还要“爱民”

过去的世家大族，家里都是有人当官的，如何将家风与国法整合，便成了一个很现实的问题。不少家族的家风，强调一个“清”字，即清廉。而山东诸城刘家则意识到，仅有清廉还不够。用今天的话说，仅是一个清官，但不作为，不勤政，仍算不上是一个好官。故而刘家的家风，一方面强调一个“清”字，首先要清正为官；另一方面，又强调一个“爱”字，要爱民如子，为民请愿。

诸城刘家，世居诸城县城北的逄戈庄（今属山东潍坊），祖上据说是从徐州府迁来的，是一个横跨明清两代、科甲连第的鼎盛世家。先祖刘必显，明代天启四年（1624年）中举，清顺治九年（1652年）进士。其子刘棨是清代名臣，为官清廉。刘棨有10个儿子，10个儿子中有8人中举，8人中又有3人最终考中了进士，其中第五子刘统勋官至军机大臣、东阁大学士。

到了刘家第四代，也就是刘必显曾孙这一辈，刘家仍是科甲蝉联。刘统勋的儿子刘墉，官至体仁阁大学士，那可是官至一品了。这个刘墉，就是后来广为人知的“宰相刘罗锅”。刘家第五代、第六代，也均有人官至一品。所以刘家号称是“三世一品”之家。刘家最鼎盛之时，同族兄弟子侄在朝为官者竟多达64人，号称“诸城刘家六十四弟子”。

当官的人多了，刘家也越发如履薄冰、如临深渊。家风中一再强调要“清”，要“爱”，康熙皇帝似乎也很赞赏刘家的家风，特御赐“清爱堂”匾额一块。“清爱”，即清廉、爱民。

三穷三富是人生

翻开中国科举史，会发现许多科举世家，都是先富后穷，或先穷后富，正所谓三穷三富是人生，从而养成了安贫乐道、贫富不惊的家风。山东章丘李氏家族的历史，或许就是这样的一个典型。

李家本是陇西世胄，北宋末年为避金兵从陇西拉家带口、携带资产而来。到了明代，位于今天的山东省章丘市东鹅庄，已发展成一个大村，村子四周当年是有圩墙的，东南西北各有一门。村内有所谓“九楼十厅”，那是一种前厅后楼的传统民居，从前也只有有点钱的人才盖得起。遗憾的是这些老宅今日大多不存。但从残存几处古朴院门上悬挂的“千顷牌”，可以窥见当年村中住房拥有田庙之多。可见，李家祖上原系陇西世胄的传闻不虚。

然而，到了明代中叶李开先（1502～1568年）生活的时代，家境已是相当拮据了。李开先父亲早逝，一心读书，不事农耕，家里靠女眷劳作和亲友接济为生。李开先后来回忆说：“家无厚资，加之迎医治丧，费用久而且多，生计日否，戚党诮而轻视之。”就是说，家里没钱，又要看医生又要办丧事，日子能否过下去都不好说，有些亲戚不仅不帮忙，还出言讥讽。李开先曾多次看见母亲去当铺当首饰。好在李开先28岁考中进士，完成了家庭夙愿。李家又开始富有起来，但李开先并不以为喜，主要精力仍放在自己喜爱的文学创作上。

李开先是明代著名文学家、藏书家，李氏后人说，“男儿有泪不轻弹”这句话，就首先出自李开先笔下。李家对骤穷骤富早已看透，安贫乐道做自己喜爱的事，才是李家家风。

清廉家风，代有传人

近些年，广西兴业县石南镇东山村热闹了起来，这不仅是因为这里保留着古色古香的明代建筑，更是在于这些明代建筑的主人——明代何以尚家族的清廉家风，在今天仍然有着实实在在的教育作用。

何以尚（1526～1597年），明嘉靖年间中举，官至从三品，是兴业县唯一被《明史》收录的人。据史载，何以尚为官时曾闯宫为著名清官海瑞喊冤，还曾冒死弹劾首辅（相当于宰相）高拱专权腐败。告老还乡后，他又自己拿出积蓄，带领村民修桥铺路，植树造林。村民们都十分感激他。

何家老宅是一座青砖包墙、木柱抬梁的两进俭朴房屋，正堂上悬挂着朝廷户部所赠牌匾“圣世贤卿”。何以尚故居加上子孙宅居一共有12幢建筑，总面积约3372平方米。这样规模的明代建筑能基本完好地保留至今，就是在全国也不多见。何家老辈人说，这都是因为祖上清廉，造福乡里，何家老宅才会保存至今。如果老祖宗是个贪婪、小气之人，就是官府不拆，恐怕百姓们也不容，绝对不会保存这么完好。

何氏家族留下了一部《何氏家训十二则》，逐字解说了忠、信、义、廉、善等中国传统理念。何家后辈子孙有当将军的，有当文臣的，均不敢忘记何家清廉家风。乃至今日，活跃在各行各业的何氏子孙，仍践行着何家清廉家风，生活俭朴，勤于政务。

祖上传下的“三当如”

浙江省温州市乐清蒲岐镇侯氏家族，在明代时曾创造过一门四代连续考中进士的纪录。这个家族的家风，与祖上传下来的“三当如”有着很大的关系。

说到“三当如”，得先说说侯氏家族在明代的第一位进士侯廷训（1484～1546年），侯廷训因得罪了嘉靖皇帝，被抓到京城，下了大牢。当时他的儿子侯一元（1511～1585年）只有13岁，陪父上京，四处申诉。3年后侯廷训被放了出来，贬为一个小小判官。不料又得罪了权贵，被黜为民。侯一元刻苦读书，终于也考上了进士。侯一元的儿子侯傅邦、孙子侯化邦，也都考中了进士。

侯廷训仕途虽然不顺，但刚强正直的品德，得到当年知识界的敬重。他有一个著名的“三当如”的说法：

为人当如高山大川；
心事当如青天白日；
度量当如海阔天空。

侯氏家族后来没有再现明代科举的辉煌，但书香一脉一直没断。侯氏后人或读书，或经商，或务农，均耿直、倔强、清白。祖上“三当如”的气量与胸怀，已融入侯氏子孙的血脉，成为侯氏传承百年的家风。

不当守财奴

浙江余姚陈家，是当地的名门望族之一。明朝时，陈克宅（1475～1542年）官至右副都御史，其子陈有年（1531～1598年）更是官至吏部尚书，均官声清正。父子二人，均被《浙江通史》收入《名臣传》。陈有年被《明史》称为“风节高天下”，他在余姚，被后世百姓崇祀、追思。这样一个名门望族，又有着怎样的家风呢？

根据史籍记载和陈氏家谱中的《族箴十条》，陈家家风的特点就是：不爱财。陈家祖训中说：钱财是用来保养身体的，不能把它看得太重。虽然人穿着不美，钱财足以让他穿金戴银；饮食不丰盛，钱财足以让他大快朵颐；想要置办田地，没有钱财就不行；企求华丽宫室，没有钱财也不行，但是一个人对私利斤斤计较而对他人和社会的功德尚浅，那么远近之人谁无怨言呢？所以何须急于谋划家财的积聚，不断地谋划家业的扩张，徒然招来他人的仇视，增加他人的怨恨。我们陈氏族人，稍有收获，只要不随便浪费就行了，何必与人争夺多余的钱财，落下守财奴的坏名声。

明万历二十二年（1594年），64岁的陈有年带着妻子告老还乡，随身行李只是一箧书、一笥衣而已。乡亲们一见“陈天官”回来了，都纷纷迎了上来，请他到自己家里去住——原来，陈家老宅6年前已被毁于大火。陈有年连声道谢，说是自己备有油灯，搭在残垣败壁上先凑合住。是陈有年没钱住好的客栈吗？不是。他回乡不久，即拿出钱来，修缮家乡的一座大桥。其实这座桥，也是陈有年的父亲捐建的，惠及两县百姓。桥修好了，陈有年又拿出钱来，在姚江上建坝修闸。他也跟着在工地奔忙。

万历二十六年（1598年），宏伟的坝闸建成不久，陈有年却累病了，不久去世，这时距他返乡还不到4年。除了陈家和几位至交，几乎没人知道，陈有年为了修桥造坝，已花光了陈家两代为官的全部积蓄。这样的好人，当地的百姓怎么会不怀念呢？

家训格言

少壮时，即当从“有恒”二字痛下功夫。事断不可求速效，求速效必助长，非徒无益，而又害之。只要日积月累，如愚公之移山，终必有豁然贯通之候；愈欲速则愈锢蔽矣。

——清·曾国藩《曾文正公全集》

起家保身靠勤俭

1978年，陕西省高陵县一座明代墓葬中，出土了一方明代嘉靖二十四年（1545年）的石刻墓志铭：《明诰封奉政大夫南京户部郎中柳渠马公（宪）墓志铭》。这引发了马氏后人对祖上史实的又一次追溯。

据墓志铭，马家本是陕西咸宁县人，元朝末年为避战乱，才迁徙至此。明代时，马家“以簪铒微金，贸易起家，至富有，三世百口”。就是说，马家是靠金银首饰为资本金，做小本生意起家的，终于成了当地比较富有的家族，三世同堂，有百余口人。到了嘉靖年间，马家出了个进士，叫马书林，官声清正。而那方墓志铭，正是马书林的父亲马宪的墓志铭。所谓“奉政大夫”“户部郎中”云云，并非实授，而是“父以子贵”，朝廷给的一种虚衔，表示一种荣耀。据记载，马宪虽说并未真正步入仕途，但在随父亲马朴赴四川做生意期间，曾从师问学，“通经义，解真草书”，就是说，是念过书的人，且真书、草书写得不错。

马家后人说，马家从马朴时起，就立下规矩：“子孙皆教之学，学而无进者，始令经商。”就是说，马家子孙，教得学习，如果实在学不成，再从事农业、商贸。马家的家风，则是“勤俭”二字。原话是这样说的：

凡人起家保身，有二字符焉，勤俭是也……故弟子执业虽异，而所立则同。

马家后人说，祖宗传下的家风是说，不管干哪一行，都得“勤”和“俭”。过去是这样，今天仍是如此；家族是这样，国家要昌盛不也同样离不开勤与俭吗？

家训格言

量隘者福不广，气轻者禄不厚，志卑者功不崇，行短者寿不长。性与命相通，事与理相应，自古及今莫之能违也，可不戒哉？

——明·张永明《张庄僖文集·家训》

君子待人不以富贵分高下

【原文】

世有无知之人，不能一概礼待乡曲。而因人之富贵贫贱设为高下等级。见有资财有官职者则礼恭而心敬。资财愈多，官职愈高，则恭敬又加焉。至视贫者、贱者，则礼傲而心慢，曾不少顾恤。殊不知彼之富贵，非我之荣，彼之贫贱，非我之辱，何用高下分别如此！长厚有识君子必不然也。

——宋·袁采《袁氏世范》

【译文】

世上有一些无知的人，他们对父老乡亲不能一概以礼，而是因人而异，以富贵贫贱为标准来划分出高下等级。他们对有钱有势的人总是恭敬有礼，而且钱财越多，官职越高，他们就越发表现得恭敬。而当看到贫穷的、地位卑下的人时，就非常傲慢而毫无礼貌可言，他们很少去关照、周济那些贫贱的人。殊不知，他人的富贵，不是我的荣耀，他人的贫贱，也不是我的耻辱，何必要用不一样的标准来对待别人啊！德高望重、有见识的人一定不会这样做。

家谱随身带，家风永不丢

有一户刘姓普通人家，家族多次迁徙，但走到哪儿，都随身带着家谱。不论多少世多少代，也不敢忘记刘家的家风。

这部家谱，名曰《乌鸦塘刘氏族谱》，是明正统年间，刘家祖上从江西吉安，迁徙至湖南省衡阳县渣江镇乌鸦塘村时编纂的。到了清嘉庆年间，刘氏家族21人，随身携带着这部家谱，跋山涉水，又迁徙到陕西省镇坪县曾家镇青台村。不管身在何处，祖宗的叮咛永不敢忘：

明事理，认亲戚，知礼仪，懂孝顺；兄弟和睦，互相信任，家庭和气，不轻信小人挑拨离间；

不能以强欺弱，以众暴寡，远亲疏远；

夫妻之间要相敬如宾，妯娌要勤俭持家，孝敬公婆，疼爱子侄；

婚丧嫁娶，理应节俭，不讲排场，不比阔气。

……

刘家后人，以祖上遗训为道德规范。刘氏后人刘兴义，是当地一位中药师，在当地口碑颇佳，为不少乡亲解除了病痛。一部普普通通的家谱，里头没有太多的名人、高官，但同样是祖宗留下的财富，同样会约束着子孙的行为，并形成稳定的行为规范——家风。

祖孙三代，不敢忘廉

一代人是清官，或许不足为奇，可如果祖孙三代都是清官，那可就不多见了，而且这样的人家，家风也一定是十分正派、清廉的。明代时，今河南省南乐县就有这样一户人家，这就是历史上有名的“南乐三魏”。

“南乐三魏”，父亲名叫魏怡，曾任通判，经常有人硬要塞钱给他，甚至是把钱偷偷放在客房里，把钱留给其夫人杨氏。魏怡均坚辞不受，任职9年，两袖清风。

“南乐三魏”的第二代，也就是魏怡的儿子魏允贞（1542～1606年）、魏允中（1544～1585年）、魏允孚。兄弟三人均为进士。其中魏允贞的官当得最大，官至山西巡抚。他上任时，仅主仆二人轻装简行。到了约定的客店，悄悄住进一家普通客房。入夜，山西巡抚属下的大大小小官员都陆陆续续来了，笙歌酒席，热闹非凡。可巡抚大人左等不来右等不来，忽见客店中一间普通客房门口，挂出上书“山西巡抚”四个大字的红灯一盏，众人不由大惊失色。魏允贞在山西主政9年，官声极好。后来魏允贞因得罪了太监被撤职查办，山西数千民众自发去北京城为他鸣冤叫屈。

魏广衡是魏允贞的儿子。他在魏家三代中官阶居低，但因手握评点人物的权力，也有人带着银钱来拜，史书上说，魏广衡见了这种人，“辄怒叱之”“皆以为有父风”。

祖孙三代，不忘清廉。这是多么令人肃然起敬的一家人啊！

借债还债

明朝末年，有一部影响很大的家训，就是《温氏母训》。温母是明朝末年温璜（1585～1645年）的母亲陆氏。温璜有《遗集》十二卷，最后一部分记述了母亲陆氏的家训，亦即后人通称的《温氏母训》。书中记载了一个“借债还债”的故事。

温母对温璜说，他的祖父过去十分贫困，曾经借了一位姓朱的人20两银子，做碾米生意维持生活。第二年，姓朱的人病倒了，而且病情很严重。这个人原本是一户有钱人家的仆人，害怕私下放债的事让主人知道，而一些不讲信义的人都以为温家可以借机不认这笔债了。

温璜的祖父星夜兼程带着以前欠的本息赶到姓朱的人的住处，祖父慢慢地拿出带来的银两，告诉他：“一年前所欠的本金和利息，现在全数奉还。”姓朱的人赞美说：“世上竟有像你这样忠厚守信的人呀！我的口和眼都会闭上的！愿你世世代代有贤子贤孙。”话说完不久就去世了。

温璜的祖父回到家里，家里的人询问之后知道他去还了债，也有人说这种做法太愚蠢了。祖父却说：“我之所以不先回家来，就是怕受你们所蛊惑而迷了心窍。”

温母陆氏以祖父借债还债的事情，告诉儿子，忠厚守信，是温家应世代坚守的家风。

明朝灭亡后，温璜紧急训练民兵，保卫家乡。清军大兵已至，温璜严防死守。不料湖广巡按御史黄澍通敌，献城求荣，温璜自刎身死。温璜拼死抗敌，至死效忠国家，这种“世受国恩，一死图报”的义举与母亲从小的守信教育也是分不开的。

家训格言

耕夫碌碌，多无隔宿之粮；织女波波，少有御寒之衣。日食三餐，当思农夫之苦；身穿一缕，每念织女之劳。寸丝千命，匙饭百鞭。无功受禄，寝食不安。交有德之朋，绝无益之友。取本分之财，戒无名之酒。常怀克己之心，闭却是非之口。若能依朕斯言，富贵功名可久。

——唐·李世民《百字箴言》

教子救民于水火

古代有很多优秀的为官者，将主动救助民众、救人于水火之中视为分内之事，并将其作为家训教育子女，代代传承。刘安澜及其夫人邱氏就是其中之一。

刘安澜是清代桐城陈洲（今属安徽铜陵）人，历任奉贤县知县、朝议大夫、工部郎中。刘安澜全凭自己勤奋刻苦，才赢得了出仕的机会。他在任地方官时，倾其所有救济困难群众。他还教育子女，要心存善念，遇到需要帮助的人，要义不容辞。

可惜刘安澜英年早亡，没有子嗣。父亲便把刘安澜的侄子刘承干过继给刘安澜的妻子邱氏，邱氏含辛茹苦，精心养育幼儿成人。邱氏对刘承干教育非常严厉。刘承干每天从私塾回到家中，母亲必定问他：“今天认了多少字？读了多少书？”同时还会列举刘安澜出仕前刻苦读书、为官后勤政爱民的一些事情，以激励儿子向父亲学习。

刘承干成人之后，邱氏依然教育儿子多为百姓做好事、善事，告诫儿子要时刻心存善念，急人之所急，乐于施舍，尽一切力量去救济处于困境中的百姓。她经常教育儿子：“吾家承先泽，履丰厚，遇善事而行不力，将为天理所不容。当视为己分应为，毋杂以求名之念。”这句话的意思是说，我们家承先辈的恩泽，做了很多仁慈之事，如果遇到可以行善的事情而不尽力，将会天理不容。你应当把这些善事看作自己分内应该做的事情，不要掺杂求名的念头。

在邱氏生命的最后时刻，她还深念灾民，喃喃自语不停。刘承干牢记母亲的谆谆教导，在母亲离世后，继承她的遗志，以拯救灾荒为己务，宣统年间在各地灾赈中捐银3万多两，救助百姓。

“六尺巷”的故事

如今去安徽桐城旅游，一个必去的旅游点就是“六尺巷”。“六尺巷”的由来，是说清代康熙年间，张家和吴家两家在宅基地问题上发生了争执，到了县衙门，县官一看两家均是当地的名门望族，一时不敢轻易评断。张家人千里修书，给当朝大学士张英。张英回了一封信，就是那首脍炙人口的打油诗：

一纸书来只为墙，让他三尺又何妨；
长城万里今犹在，不见当年秦始皇。

张家人接信，豁然开朗，让了三尺。吴家人也深受感动，也主动退了三尺，遂形成了一个六尺宽的巷子。

张家是桐城数一数二的名门望族。科甲之盛，无人可比。家中悬挂的是“父子大学士”“三世得谥”“四世江苏学政”“五朝金榜题名”“六代翰林”等匾额，述说着这个家族的旷世显赫。张英正是这个家族入清后考中的第一个进士，祖上张淳、张秉文为明代重臣，儿子张廷玉为清代名臣。据族谱记载，张英与4个儿子、4个孙子和1个曾孙，相继考中进士，号称“一门十进士”。据统计，张英以下直至清同治十三年（1874年），张家7代人共有13人进士及第，瓜瓞绵绵，生生不息。

如今在桐城，张英被人们尊称为“老宰相”。“老宰相”处理邻里纷争的故事，在桐城就是三尺孩童也能讲得绘声绘色。遇到矛盾谦让一步，这已成为桐城人的共识。2016年中央电视台春节晚会，安徽籍演员赵薇将根据“六尺巷”故事改编的歌曲唱响了全国。张家豁达谦让的家风，不仅影响到了张家的子孙，还影响到了桐城，影响到了全国……

桐城张家的二十字家训

有句话叫“天下文章属三江（江苏、江西、浙江）”，其实还有一句话，叫“天下高文归一县”。哪一县呢？就是安徽省桐城县，而桐城县最有名的书香门第之一，就是张家。

张家是明初迁至桐城的。明隆庆二年（1568年），张家九世祖张淳考上进士，这是桐城张家第一个进士。到了第9世、10世、11世时，张家出了张英（1637～1708年）、张廷玉（1672～1755年）、张若霭（1713～1746年）、张若渟（1728～1802年）等杰出子孙，时称“一门双宰相（张英、张廷玉）”“六代翰林”，可谓簪缨世家，笏板满床。大富大贵如此，仍以清白传家，实属不易。张家祖上传下的家训，计20字：

读书者不贱，守田者不饥；
积德者不倾，择交者不败。

张英，就是那位写《六尺巷》诗的智者。据说他“誓不著缎，不食人参。”不穿绸缎，不吃补品，不饮酒、不观戏，不参加官场请客吃饭，请戏班子“唱堂会”更是一概谢绝，除了读书，就是饮茶、游山。

张廷玉，就是二十四史中《明史》一书的总纂修官。他说：

为官第一要廉，养廉之道，莫如能忍……人能拼命强忍不受非分之财，则于为官之道，思过半矣。

张英喜饮茶，那么是不是有人会投其所好，送上名贵的茶叶、茶具呢？张英对此有所警惕。他说他自己“终日不离瓯碗”，“瓯”，指小杯子，算不上什么好茶具。所泡茶叶，也多为家乡所产茶叶，不是什么名贵的龙井、碧螺春。

家训格言

处世无私仇，治家无私法。勿损人而利己，勿妒贤而嫉能。勿称忿而报横逆，勿非礼而害物命。见不义之财勿取，遇合理之事则从。

——宋·朱熹《朱子家训》

世家子弟应加倍勤俭

【原文】

故世家子弟，其谨饬如寒士，其俭素如寒士，其谦冲小心如寒士，其读书勤苦如寒士，其乐闻规劝如寒士，如此则自视亦已足矣；而不知人之称之者，尚不能如寒士。必也谨饬倍于寒士，俭素倍于寒士，谦冲小心倍于寒士，读书勤苦倍于寒士，乐闻规劝倍于寒士；然后人之视之也，仅得与寒士等。今人稍稍能谨饬俭素，谦下勤苦，人不见称，则曰：世道不古，世家子弟难做。此未深明于人情物理之故者也。

——清 · 张英《聪训斋语》

【译文】

所以世家子弟，有的也像清贫之士一样谨慎检点，朴素节俭、勤奋读书、虚心接受批评，并且自己认为这样严格要求自己已经够好的了，却不知大家还是不能像对清贫之士那样公开赞美你。你们一定要加倍谨慎、节俭、勤奋、虚心，这样做了以后，别人才用对待清贫之士的坦白对待你。如今你们稍微谨慎简朴、虚心勤奋些，没有被别人称赞，就感叹：世风不如从前，富贵人家的子弟难做。这就是你们没有真正明白人情事理的缘故啊。

张廷玉礼让

六尺巷的故事中，张英首开谦和礼让之风。这种家风，在张英的儿子张廷玉身上得到了淋漓尽致的传承。

张英的6个儿子中，有4个儿子都很显贵：

长子张廷瓒，康熙十八年（1679年）进士，官至詹事府詹事；

三子张廷璐，官至礼部左侍郎；

五子张廷瑑，雍正元年（1723年）进士，由编修、充日讲起居注官，升工部右侍郎，乾隆九年（1744年）改补内阁学士，兼礼部侍郎，主江西乡试。

次子张廷玉（1672～1755年），康熙三十九年（1700年）进士，官至保和殿大学士、军机大臣，乾隆时加太保，历经康雍乾三代，长达半个世纪宝刀不老，被史学家称为“二千年封建官场之罕见”。有学者认为，张廷玉有这样的作为，主要得益于父辈、祖辈淡泊致远、克己清廉、亲仁善邻、友民爱众的家风。

雍正年间，张廷玉之子张若霭殿试得一甲第三名，张廷玉认为自己家已有多人显贵，于是跪求雍正换人，以留得名额给天下平民英才。雍正甚为感动，认为张家谦卑公允与谦让之心可昭日月，将其子降级留用。

六尺巷在父辈那里宽了六尺，而在张廷玉的心胸中又宽了万丈，“心底无私天地宽”，无私的心胸因此坦荡而无垠！

“祖宗积德，荫子荫孙”

广东东莞有一户陈姓人家，是当地的书香门第，行善世家。这家的老祖宗陈杰，只是一位诸生，并未考中科举，但为人仗义，有豪侠之气。清朝初年，朝廷实行海禁，乡亲们无法出海，衣食无着。陈杰散尽家产，救济族人。至少自那时起，陈家已是多行善事。陈杰之子陈似源，康熙年间考中进士，但对做官兴趣不大，不久即告假归乡，在家乡主理粤秀书院。

康熙末年，赋税繁重，当地百姓交不起税，无奈之中只能砍伐香木卖钱完税。香木种植极难，但长成后可以成为当地百姓一项挣钱的副业。东莞的香木是有名的，称为“莞香”。砍掉香木，岂不等于断了百姓们的一条财路？陈似源以在乡士绅的身份，为民请命，总算保住了当地的香木，百姓们十分感激他。

陈似源有4个儿子，其中长子陈之遇、次子陈廷槐于康熙五十年（1711年）同年中举，陈之遇在康熙五十七年（1718年）考中进士。三子陈应槐与叔父陈俊英、堂兄陈廷灿于康熙五十三年（1714年）同年中举。四子陈昌槐，又在雍正四年（1726年）考中进士。4个儿子三人考中科举，陈家一族，两代人6人蝉联科甲，这在广东省是极为罕见的。

当地人一说起陈家，认为是祖宗积德才荫及子孙。陈家积德行善的家风，在当地起到了移风易俗的巨大作用。

节 俭

【原文】

俭而能施，仁也。俭而寡求，义也。俭以为家法，礼也。俭以训子孙，智也。俭而悭吝，不仁也。俭而贪求，不义也。俭于其亲，非礼也。俭其积遗子孙，不智也。

善处贫者，节食而完衣。不善处贫者，典衣而市食。

——宋·倪思《经锄堂杂志》

【译文】

自家节俭而能施惠于人，这就是仁。节俭而少有欲求，这就是义。将节俭作为家法，这就是礼。用节俭教导子孙，这就是智。节俭却吝啬，这就是不仁。节俭而多贪念，这就是不义。只对父母生活讲究俭朴，这是不符合礼的。将节俭下来的资财留给子孙，这是不明智的。

会过清贫日子的人，节制饮食而穿戴整齐。不会过清贫日子的人，典当衣服而买食物。

"劝学堂"与"爱存堂"

南京市高淳港口村李家，据称是北宋泰宁军节度使李从善的后裔。自明朝初年迁居此村，至今已逾百年。村里原有李氏祠堂，据李家老辈人讲，李家原来还修有"劝学堂"与"爱存堂"。

"劝学堂"修建于清乾隆年间。目的是劝勉李氏子孙勤奋学习，凡本族子弟皆免费就读，如读书上进，还有奖励。

"爱存堂"，就设在宗祠中，主要目的是敬老。李氏族人自发捐献钱物以恤贫困，"不旬日间，积钱千余缗，田一顷有奇"。这些财产全部用来赡养本族孤寡老人。

"劝学堂"使得李氏子孙少有所学，"爱存堂"使得李氏孤寡老有所养。一代又一代，尊老携幼的家风便逐渐形成，并传承至今。2016年年初，淳南李氏宗祠重建落成，族人将"李氏世范"立于祠堂，李家长辈带着子孙前来诵读这13条家训：

敦孝悌、主忠信、崇礼仪、尚廉耻、睦宗族、重婚姻、贞教育、慎丧祭、恤孤寡、务俭约，勤耕织、守谦让、息争讼。

家训格言

危急之际，莫靠他人，专靠自己，乃是稳着。作人之道，以刚介为自立之基，以敬恕为养性之本。

——清·曾国藩《曾文正公全集》

中国最古老的数学家族

在中国历史上，有一个古老的数学家族，那就是安徽宣城的梅氏家族，四代人出了10多位数学家，这在中国数学史上是十分罕见的。

梅家在数学上的“始祖”，是明末清初的梅文鼎（1633～1721年）。他自小有神童之称，14岁即考中秀才，但他的主要兴趣，却在天文、数学方面。他的研究，在当时是处于世界领先水平的，被认为是当时世界三大数学家之一。梅珏成（1681～1763年），梅文鼎之孙。他进士出身，官至左都御史，一生研究天文、数学，整理祖父留下的遗著，如果没有他，梅家的不少数学成果或许就湮没了。

据传说，梅珏成有一天外出散步时，看见几个农民正在一块直角三角形的田里砌一个正方形的粪池。他们要将这个粪池挖得尽可能大，所以得算一下这个正方形的边长。梅珏成便告诉农民怎么算，农民说：“先生您说的，我们也听不懂，平时我们都靠这个孩子帮忙计算。”梅珏成这才注意到田边蹲着个男孩，便笑着问：“小先生，你是怎么算的？”那孩子拿一根树枝在地上比画着说，他是把三角形分成3块，拼成一个大正方形来算的。梅珏成听了大为惊讶，这真是又直观又简捷。回到家中，他立刻将这一算法写进了书里。

中国传统的世家大族，都是鼓励子孙读书的。只要是世家，读书、学习，必为家风。但如同梅家这样，几代人钻研数学，多么期盼神州大地多出现像梅家这样的数学家族，乃至物理家族、生物家族……

田母教子家训

田雯（1635～1704年），山东德州人，康熙年间进士，官至江苏、贵州巡抚，刑部、户部侍郎。为官廉正，多有建树。在任贵州巡抚期间，他见贵州经济文化落后，致力发展当地文教事业，增建县学，整修书院，奖掖黔中人才。还利用公余暇日，亲至书院督课，黔省文风日盛。田雯所接受的家风熏陶，就是为官做事要识大体、顾大局。

田雯的父亲去世时，母亲张氏还不到40岁。张氏自幼接受传统教育，知书达礼，能文能诗。丈夫去世后，张氏以辛勤纺纱织布维持生计，担负起教养儿子的重任。在她的辛勤培育下，其子田雯、田需、田霡个个成才。她常常教育儿子们为人做事要顾全大局，尤其是今后若能为官，这一点尤其重要。

张氏70岁那年，亲朋邻里要为她摆酒做寿，张氏特意为此事写信告诫儿子，千万不要这么做。信的大意是：你昨天来信说，父老乡亲正在计划要大家凑钱置办酒宴，来给我做寿。这是亲戚朋友之间来往交际、和洽亲近的好事，我怎能不感动？然而我经过反复思量，觉得这样做不合适。按照以前的传统规范礼制，一个没有丈夫的妇女，凡是红白喜事等交际往来方面的事情，不应该参与，也不应当出面主持。……你们几个还是影响不大的官吏，偶然回到家乡，没有什么好处施与乡人，却很快就接受乡里前辈、父老乡亲的抬举和尊重，这怎么能说是符合情理呢？……这一段时间以来，米价飞涨，城乡一片萧条，亲戚朋友向来并不富裕，如果凑钱购买食物，为我提供一餐美味，我会深感罪过而忧愁不断。你们在朝廷做官，应当知晓大体，谨慎细致地思考道德规范的含义，用以安慰老人的心，应当替我事先婉辞乡亲们的好意，千万不要忽略这事。

张氏对传统道德规范谨守如一，思念民力艰难，顾全大局、通晓大体，以此激励儿子勤恳为官、踏实为民，值得今人借鉴。

郑板桥教育家人“不以贫富贵贱论人”

郑板桥（1693～1765年）曾当过12年七品官，他清廉刚正，关心民生，政绩甚佳。在任上，他画过一幅墨竹图，上面题诗：“衙斋卧听萧萧竹，疑是民间疾苦声。些小吾曹州县吏，一枝一叶总关情。”可见他对下层百姓有着十分深厚的感情，从来不以富贵贫贱论人。

郑板桥考上秀才的时候，一次在旧书箱中翻出了一张家中佣人的前辈所写的卖身契据，就马上烧掉了。后来自己当了家，在雇佣人的时候，从来不要求对方和自己立契约。佣人如果自己觉得合适，就留下；如果不满意，随时可以自由离去。郑板桥这么做，是想告诫后世子孙，不要仗着家中势力苛求他人，要宽容待人，即便对佣人也要宽容以待。

中进士后，郑板桥步入仕途，先后在山东范县、潍县当知县。他经常写信回家，教育家中的堂弟郑墨，不要以富贵贫贱论人，要宽厚对待家中的佣人。要与人为善，多看别人的长处，不要光看别人的短处：“以人为可爱，而我亦可爱矣；以人为可恶，而我亦可恶矣。东坡一生，觉得世人没有不好之人。这最是东坡好处。愚兄平生谩骂无礼，然人有一才一技之长、一行一言之美，未尝不啧啧称道。”

郑板桥在这里引用了苏东坡看人的观点：你看别人是好人，别人看你也是好人，同时也隐含不以尊贵贫贱论人品之意。如果你看别人很卑贱，那么你在他人眼中也一定很卑贱。

娇子如杀子

清代著名书画家郑板桥的诗、书、画，当时就被人称为“三绝”。他52岁老来得子，全家欢庆，起名“小宝”。

小宝年幼时，郑板桥在山东潍县做知县，常年不在家。当他听说在江苏老家的儿子时常在外夸耀“我爹在外头当大官”，有时还欺侮佣人的孩子时，十分生气，立刻写信给在老家的弟弟说：“我52岁才得一子，岂有不爱之理，然爱之必以其道。”要求家人一定要“长其忠厚之情，驱其残忍之性”。在郑板桥看来：“读书中举、中进士、做官，此是小事，第一要明理做好人。”难能可贵的是，郑板桥那时就认识到孩子仅会读书不行，他说：“我们这些人，一捧书本，便想中举、中进士、做官，如何攫取金钱，造大房屋，置多田产。起手便走错了路，越来越作坏，总没个好结果。”

小宝6岁来到父亲身边后，郑板桥对他要求十分严格，一边亲自教儿子读书，一边要求儿子从小就学会洗碗、挑水、做饭等家务劳动。儿子有一次看到衙门外头有个没穿鞋的小女孩饿得直哭，便把自己的口粮分了一半给这个小女孩。郑板桥知道后十分高兴，觉得这个孩子宅心深厚，可以放心了。

郑板桥临终前，要求儿子做的最后一件事，就是去做几个馒头，当小宝把自己亲手做的馒头端到床前时，他欣慰地轻轻点点头，合上了双眼。他给儿子留下的遗言是：“流自己的汗，吃自己的饭，自己的事自己干。靠天靠人靠祖宗，不算是好汉。”郑板桥是太清楚“娇子如杀子”这个多少人家用血泪换来的教训了，故而才把自立自强作为给儿子、给郑氏家人最后的叮嘱。

君子不怀慢伪妒疑之心

【原文】

慢心者，自不如人，而好轻薄人。见敌己以下之人，及有求于我者，面前既不加礼，背后又窃讥笑。若能回省其身，则愧汗浃背矣。伪心者，言语委曲，若甚相厚，而中心乃大不然。一时之间，人所信慕，用之再三，则踪迹露见，为人所唾去矣。妒心者，常欲我之高出于人，故闻有称道人之美者，则忿然不平以为不然。闻人有不如己者，则欣然笑快，此何加损于人？只厚怨耳。疑心者，人之出言，未尝有心，而反复思绎，曰：此讥我何事，此笑我何事。

——宋·袁采《袁氏世范》

【译文】

有傲慢心的人，自己不如别人，却好说别人这不好那不好。见到有不如自己的人和有求于自己的人，当着人家的面很不礼貌，背着人家又加以讥笑。这种有傲慢心的人，如果能好好反省一下，真是要惭愧得汗流浃背啊！有虚假心的人，表面上说话很委婉动听，像是待人很忠厚的样子，而心中却大不以为然。一时间，许多人为他的表面所迷惑，可打过几回交道，就会发现他的真面目，久而久之，这种人也就为人所不齿了。有嫉妒心的人，常常觉得自己高人一等，故而一听到有称道别人的好处时，就很不舒服。一听到别人有不如自己的地方，就幸灾乐祸。这么做，对别人能有什么损害？只会增加别人对他的怨气而已。

郑板桥给女儿的陪嫁

郑板桥在山东潍县（今属潍坊市）当知县的时候，女儿已是到了该谈婚论嫁的年龄了，谁不想和现任县太爷家攀亲呢？为自己儿子求亲的、请托媒人提亲的一时挤破了县衙的大门。郑板桥深有感触地对夫人说：“你说，这些人表面看是为儿子求婚，其实不是冲咱们女儿来的，而是冲我这个老丈人来的。有的要我拿出四千两白银做陪嫁；有的倒没提钱，但要求我这个知县给未来的姑爷谋个一官半职；有的倒没提官，但要求我得把诗书画这点看家

本事，都传给姑爷。”夫人问：“你心中到底有没有中意的人选？”郑板桥笑着说：“有。前不久有个人辞官回乡，带着儿子来告别。这人官职不大，也不善言谈，但人不错。儿子名叫‘知足’，也很不错。咱们女儿嫁过去，吃不了亏。”

到了该办喜事的日子，姑爷要来丈人家接新媳妇了，依照风俗，同时也要拉走陪嫁的财物。夫人见郑板桥稳坐钓鱼台，几次催问：“你给咱们闺女准备的陪嫁呢？”郑板桥都不紧不慢地说：“已准备好了。”夫人半信半疑，心想既未见金，也未见银，这嫁妆在哪儿呢？转念一想：也许是丈夫为女儿准备了田契、地契，那就是几张纸，自然用不着事先再去采买。

到了迎亲的日子，新姑爷赶着牛车来接新娘子了。女儿就要出门了，只见郑板桥打开一个木箱，取出一个竹编的针线盒，郑重其事地对女儿说：“女儿呀，为父为官清廉，既无金银，更无田契送你。这个针线盒，是咱们郑家祖传之物，送给你当陪嫁吧。你到了知足家，手勤，针线活儿好，自食其力，知足也是个勤勉的孩子，你们的小日子一定差不了。”

女儿怀抱针线盒坐上了牛车，她带到婆家的，不仅是这件郑家祖传之物，更是带去了郑家清白、勤俭的家风。

三十六字官箴

“吏不畏吾严，而畏吾廉；民不服吾能，而服吾公。公则民不敢慢，廉则使不敢欺。公生明，廉生威。”

这段36个字的官箴，原是明朝为整顿吏治、提倡廉洁的做官格言，后成为广东连平颜氏家族的家训。

连平颜家是当地有名的官宦世家，号称“一门三代四节钺，五部十省八花翎”。清朝初年，颜希深（1729～1780年）已任巡抚。清乾隆年间，其子颜检（1757～1832年）步入官场，几起几落，终于也做到直隶总督这样的一品大员。嘉庆十九年（1814年），颜检之子颜伯焘考中进士出仕，后来做到陕西巡抚。

正是在嘉庆十九（1814年）年，时任泰安知府的一位官员将颜希深在泰安的石刻拓本寄给了颜检。颜检打开一看，正是36字官箴，并有父亲写的跋。颜检一个字一个字地研读着父亲送给他的这36个字，心潮澎湃，深深感到仅是做一个清官，最多算是独善其身，而只有既清廉又公正，才有可能为百姓多办实事。

恰恰也在这一年，已考中进士的儿子颜伯焘来到杭州，看望时任浙江巡抚的父亲。颜检对他说：“你如今也进入了前程无法预料的官场，也应懂得官员应如何做人做事了。这是你祖父留给我的官箴，实际上也正是咱们颜家祖上传下来的教诲啊！”

嘉庆二十年（1815年）仲秋，颜检把父亲留下的拓本重新刻石，镶嵌在杭州巡抚大堂的墙壁上，可惜今已不存。好在颜家位于广东连平县元善镇瓦背一街的老宅，尚残存有“宫保第”的一面墙。颜检的墓每年都有不少人远道而来，拜祭这位先人，并传诵着颜氏家族“公生明，廉生威”的浩然家风。

家训格言

教人使人，必先使有耻，又须养护其知耻之心。督责之，使其有所畏。荣耀之，使其有所慕。皆所以为教也。到无所畏，不知慕时，都行不将去。

——元·许衡《许鲁斋语录》

亦文亦工好人家

山东省昌乐县马宋镇黎家村北，残存有一座古墓的遗址。尽管当年的“圣旨碑”、神道以及宏伟的墓堆等均已荡然无存，但仍可从残存的遗迹看出这座古墓当年的规模不小。当地的老人会告诉你：这就是昌乐阎家的祖坟。有道是“昌乐的县志，阎家的家乘”。阎家，那可是昌乐赫赫有名的大户人家。

阎家是个科甲蝉联的书香门第，这个家族共出过7名进士、23名举人、秀才以上读书人200多人。除了读书重教、忠厚传家的传统外，阎家还有一个别的家族少有的特点，就是与“工”有着特别的缘分。这个“工”可以是指工程。乾隆年间，阎家后人阎循琦（1711～1776年），官至工部主事、吏部掌印给事中、工部尚书，还掌管过宝源局（制币业务），是阎家历史上最掌实权的官员，负责洪泽湖治水、故宫三大殿重修等工程，很得乾隆皇帝欣赏。他病后，乾隆皇帝十余次询问病情，派太医前去医治，病故后乾隆皇帝新撰碑文，可谓深遇殊荣。阎循琦对阎家家风有着极大的影响，那就是做事、务实。

当然，这个“工”也可指“工艺”。阎家五代七进士都是篆刻名家，代代相传。到了康熙年间，阎氏祖上阎世绳更是潜心研究铜刻艺术，从此铜刻艺术就成了阎氏后人的一门绝技，独步宇内。

昌乐阎家，就是这样一个既读书又务实的家族，亦文亦“工”的家风，让有着深厚文化底蕴的阎氏后人眼界更宽，路更广。

郭家家风：正、文、德

山东即墨郭家，是当地五大姓之一。郭家家谱辈分排名诗中有一句是“宗中作正士，文成方显德。”郭氏后人说，诗中的“正”“文”“德”三字，便可用来作为郭家家风的关键词。

先说“正”。郭家8世祖郭琇（1638～1715年），曾任江南道监察御史，在清代康熙年间，上疏直陈大学士明珠等营私纳贿，使得当时内阁5位大学士中4位被罢免。此后郭琇一年5次拔擢，官至一品大员。这当然是场惊心动魄的政治斗争了，但郭琇之正直也无可否认。后来，他还是因不适应官场早早被罢回籍。

再说“文”。郭家崇文重教，郭琇有三个儿子一个女儿，长子为藏书家；次子为举人，官至嘉兴知府，当地百姓呼为“郭青天”；三子亦为举人。女儿所生五子，三子为进士，两子为举人。

再说“德”。郭氏家人，本性善良。郭琇在两广为官时，不忍出兵弹压苗民。夫人张氏常嘱用人送衣物给牢中犯人。郭氏16世孙郭核文，平日善待乡邻，1949年去世时，家中贫困，只得卸门板为棺，乡亲们多流着眼泪捐钱为他买棺木。

郭家人所作所为，依稀可见远祖的性情和风骨，血脉相承相通，家风悠远绵长。郭家“正”“文”“德”三字所代表的家风，必将代代相传。

独子更要严格要求

清代张师载（？～1763年）所辑《课子随笔节钞》一书中说：“玉不琢，不成器。凡生子不论多寡，有数子者，则数子个个要教训。只一子者，则一子要加倍教训。盖数子之中，一子不良，尚有他子可望。只一子者，此子不良，无复望矣。昔刘居正课子挚甚严。或谓曰：君只一子，独不加恤耶？答曰：正惟一子，不敢纵耳。后挚官至尚书仆射，以忠义闻。”

这段话的意思是，如果只有一个孩子，则这个孩子更要加倍地教育，因为好几个孩子，这一个不争气，还可以指望另一个，只有一个孩子，又不争气，那还能指望谁呢？过去刘居正督促儿子刘挚非常严格，有人对他说：“您只有这一个儿子，为何还不多加疼爱？”刘居正回答：“正因为我只有一个独生子，才不敢放松。”后来，刘挚做了大官，并以忠义的品德闻名。

《课子随笔节钞》中还有一段话说：凡是自家孩子得罪了别人，别人来找家长告状，家长在来不及判明谁是谁非时，或者明明知道自己孩子无错，对方不讲理时，都不妨当面训示自己的孩子，向人家道歉。这样对方自然口服心服而去，可以解脱开这个冤家，是很周全的办法。

可见，古人教子，宁失之严，勿失之宽，这样儿女自然懂得敬畏。即便是独子，也要遵此家风，不得娇惯。

《机声灯影图》

洪亮吉（1746～1809年）出生在江苏常州，在经学、语言文字学、历史学、地理学、文学研究等领域都有独到的贡献，他注意到中国人口增长与经济发展乃至与物价等的关系，在1793年写了《治平篇》《生计篇》等专文进行了讨论，1798年以出版《人口论》而著称的英国学者马尔萨斯与之遥相呼应。中国著名史学家张荫麟在1926年发表的《洪亮吉及其人口论》中就说："马洪二氏，其学说不谋而同，其时复可相当。"从此不少学者都称洪亮吉为中国的"马尔萨斯"。

这位著作等身、名垂青史的大学者出生于一个家道中落的官宦家庭，5岁丧父，母亲带着5个孩子回了娘家，靠自己和大女儿做女红来维持一家的生计。即使这样，母亲也没有放松对洪亮吉的教育，从小让他跟着大姐识字，4岁读"四书"，并省吃俭用地把赚来的钱投入到儿子的教育中。成年后洪亮吉曾写过一首诗，诗中提到："母勤三年绩，儿受一年经。"意指母亲辛勤编织三年所得，才够支付他一年的学费。

母亲起早贪黑地不停劳作，督责洪亮吉刻苦读书。洪亮吉还写过这样一首诗：

夜寒窗隙雨凄凄，长短灯檠焰欲迷。
分半纺丝分半读，与娘同听五更鸡。

洪亮吉时刻怀念着母亲对他的辛勤培育，请人画了《机声灯影图》，希望永远留住那些难忘的时光，那些难忘的场景。

《机声灯影图》历经百年流传了下来，我们今天还可以看到。

家训格言

昔人云，好学而无常家。"家"似谓专家之家。如儒林毛《诗》孟《易》之类。我不作此解。家即家室之家。学人那得死坐屋底，胸怀既因怀居卑劣，闻见遂不宽博。故能读书人亦当如行脚阇黎，瓶钵团杖，寻山问水。既坚筋骨，亦畅心眼。若再遇师友，亲之取之，大胜塞居，不潇洒也。底著滞淫本非好事，不但图功名人当戒，即学人亦当知其弊。

——明·傅山《霜红龛家训》

积德与读书

南京老城南净觉寺东，曾是中国第一位回族探花伍长华（1779～1840年）的府邸。当时府邸大堂内有一副楹联："三百年世家无非积德，第一件好事还是读书。"伍家的家风，恰可用这副对联中的四个字"积德""读书"来概括。

伍家在家乡行善积德，是出了名的，地方县志上说伍家在长江边置办拯溺船（救生船），救助投水自杀及被洪水冲下的民众，"每岁活人无算"。

伍长华是清嘉庆十九年（1814年）进士。道光十八年（1838年），伍长华升任湖北巡抚，与时任湖广总督的林则徐同在武昌办公。据《林则徐日记》记载，在短暂的30多天的共事时间里，两人往来接触达16次之多，有时竟一日两见。他们共同发布禁烟告示。1838年9月7日，伍长华在湖北武昌行辕校场当众焚烧查禁的鸦片一万余两，"槌碎"烟枪3000余杆，此举震动朝廷，两湖民众山呼称谢。武昌禁烟比"虎门销烟"整整早9个月！

积德、读书、有担当，几百年过去了，但伍家人仍然如同祖先一样，在积德，在读书，在承担着自己的责任。

家训格言

夫所以读书学问，本欲开心明目，利于行耳。

——南北朝·颜之推《颜氏家训》

富贵子弟亦重读书

【原文】

大抵富贵之家教子弟读书，固欲其取科第及深究圣贤言行之精微。然命有穷达，性有昏明，不可责其必到，尤不可因其不到而使之废学。盖子弟知书，自有所谓无用之用者存焉。史传载故事，文集妙辞章，与夫阴阳、卜筮、方技、小说，亦有可喜之谈，篇卷浩博，非岁月可竟。子弟朝夕于其间，自有资益，不暇他务。

——宋·袁采《袁氏世范》

【译文】

大概富贵之家教子弟读书，本来是希望他们考取功名并深入研究圣贤言行中的精深道理。但是，人的命运是各有不同的，有的人贫穷，有的人富贵，而人的资质也是不一样的，有的人迟钝，有的人聪明。所以，不能责成所有的人都能获取功名，尤其不能因为子弟没有获取功名就不让他继续学习。因为在子弟们阅读的书籍中，有许多看似无用而实际上却是很有用的东西存在。史传中记载的故事，文集里美妙的辞章，以及那些阴阳、占卜、方技、小说之类的书籍中，都有许多可以谈论的好内容。况且卷帙浩博，不是一年半载所能读完的。子弟们朝夕沉醉在书籍中，自然会有收获，也就没有时间干其他不轨之事。

一盏油灯和一盘豆腐

虎门销烟的清代名臣林则徐（1785～1850年），大家都是知道的。但又有多少人知道，林家后人世代用来纪念先人的两样物件是什么呢？这两样物件是：一盏两根灯芯的油灯和一盘素炒豆腐。这是怎么一回事呢？

林家人说，多少年来，林家每逢除夕吃年夜饭时，总要在桌子上摆放一盏油灯，也总会吃上一盘素炒豆腐。长辈会一边点燃油灯，一边对孩子们说：我们林家早年生活窘迫，平时只能点一根灯芯的油灯，只有在过年时，才舍得点上两根灯芯的油灯，增添点喜庆气氛。等到素炒豆腐上桌，长辈又会说起，有一年过年，十分热闹，不时传出“真好吃”“再给你一块”等话语。邻居家的孩子爬上院墙探望，只见林家一大家子10多口人，围坐在一张破旧的小矮桌旁，吃着，笑着，闹着，在吃什么好东西呢？好奇的孩子再往上爬了爬，伸长脖子一看，原来桌上并无大鱼大肉，只有一盘普普通通、缺油少盐的素炒豆腐。但对于平日只能以豆子当菜的林家来说，这已算是难得的美味佳肴了。

林则徐就生活在这样一个赤贫但不失书香的人家。母亲陈帙出身书香门第，每日制作“象生花”（福州一种传统手工艺品）养家并供孩子上学，每日劳作，漏尽鸡鸣不止，头昏眼花不休。母亲做出的象生花格外精致，被人称为“正一品花”，卖得格外好。林则徐后来在《先妣事略》《先考行状》中追述母亲寒灯夜作的情景时说：“呜呼，此情此景，宛如昨日，而孰知其不可再得耶？”意思是说，母亲辛苦劳作的情景，历历在目，就在眼前，可谁又知道，这一幕再也见不到了！林则徐正是在母亲的影响和激励下，刻苦学习，考上了进士。

林家的处境后来发生了翻天覆地的变化，可林家祖上的教诲绝不敢忘。林家长辈，经常会指着林家老宅大厅柱子上所挂林则徐亲手书写的对联教育晚辈：“芝草无根，醴泉无源，人贵自立；流水不腐，户枢不蠹，民生在勤。”自立、勤俭，这就是林家的家风啊！正是在这样的家风熏陶下，林家子孙，生活虽苦，但始终奋发向上；日子变好，却不忘勤俭本色。

家训格言

仇者以义解之，怨者以直报之，随所遇而安之。人有小过，含容而忍之；人有大过，以理而谕之。勿以善小而不为，勿以恶小而为之。人有恶，则掩之；人有善，则扬之。

——宋·朱熹《朱子家训》

"急性判官"

林则徐从小懂事、上进，但也有缺点，就是脾气急躁，做事毛糙。其父林宾日认为这很不利于孩子的成长，于是就把儿子叫到跟前，和蔼地说："我给你讲个故事，好不好？"

林则徐平日爱听故事，便安静地坐了下来。林宾日特地讲了一个"急性判官"的故事：

从前，有个判官非常孝顺，所以每次遇到不孝的罪犯，惩罚就特别严厉。一天，有两个人捆来一个年轻人，对判官说："这是个不孝之子，他不仅骂自己的娘，还动手打。我们把他捆了起来，他还是不停地骂，所以就堵了他的嘴。老爷，像他这种不孝子该不该罚？"判官一听火冒三丈，大喊："来人呀，给我打五十大板！"这个年轻人有口莫辩，屁股被打得血肉模糊。

不久，有个老婆婆拄着拐杖急匆匆赶来，边走边说："请大人为小民做主，刚才有两个盗贼溜进我家后院，想偷我家的牛。我儿子想捉住他们送官府，可是两个强盗反把我儿子捆走，不知弄到何处去了。我只有这么一个孝顺儿啊！"

判官一听有点忐忑不安起来，心想：莫非刚才是恶人先告状，打的就是她儿子？忙叫人去找那两个捆送不孝子的人，但他们早已溜得不见了踪影。这时，被打昏的年轻人突然呻吟了一声，老婆婆循声一看，那不是自己的儿子吗？怎么被打成如此模样？老婆婆心里一急就昏倒在地。

聪明的林则徐听了这个故事之后，立刻明白了父亲的话外之音，他向父亲保证："父亲，孩儿知道了，我一定好好克服急躁的脾气。"此后他非常注意克服自己的缺点。

林则徐后来官至一品，当了湖广总督、陕甘总督、云贵总督，仍不忘父亲的教导，书房里总要挂上"制怒"二字，以时时警诫自己。

君子知所偏

【原文】

人之德性出于天资者，各有所偏。君子知其有所偏，故以其所习为而补之，则为全德之人。常人不自知其偏，以其所偏而直情径行，故多失。《书》言九德，所谓宽、柔、愿、乱、扰、直、简、刚、强者，天资也；所谓栗、立、恭、敬、毅、温、廉、塞、义者，习为也。此圣贤之所以为圣贤也。后世有以性急而佩韦、性缓而佩弦者，亦近此类。虽然，己之所谓偏者，苦不自觉，须询之他人乃知。

——宋·袁采《袁氏世范》

【译文】

人的品性是天生的，而且各有不足之处。有学问、修养的人了解自己的不足之处，因而用加强学习的办法来弥补它，于是就变成了一个具有完美品德的人。普通人不仅不知道自己的不足之处，反而被这种不足支配着去为所欲为，以致造成许多失误。《尚书》中说的九德，是指“宽、柔、愿、乱、扰、直、简、刚、强”，这些都是天生的；而“栗、立、恭、敬、毅、温、廉、塞、义”，这些都是通过学习而养成的。这就是圣贤之所以为圣贤的原因。后世有一些性急的人就佩戴韦皮，性子慢的人就佩戴丝弦，也就是这个原因。即使这样，对于自己的不足之处，常常苦于不自知，就必须向别人请教。

林家的清廉家风

林则徐是中国历史上出了名的清官。“文忠一生任事而不牟利，尽瘁而不热中，临难而不退避，受屈而不怨尤。”这是林则徐的玄孙林崇墉对他一生的精辟概括，也是对先祖以廉明志的肯定。

1819年，林则徐去云南主乡试途中，题一对联赠给知县：“一县好山留客住，五溪秋水为君清。”显示出他要做一个清官的志向。1830年7月，林则徐出任湖北布政司，上任之前，就发了一纸告示《由襄阳赴省传牌》，宣布途中一切费用自理，不得用公款逢迎阿谀，不准迎来送往，劳民伤财，更不准借机从中牟利。如若违规，立即严办，不准徇私枉法。

林则徐这种为官清廉的高尚风格，源自林家严谨的家风。林则徐一生最重要的老师是他的父亲林宾日，20岁之前，林则徐一直没有离开过父亲。父亲一方面传授给他书本知识，另一方面将自己为人处世的行为态度，以言传身教的形式教给了林则徐，使林则徐的人生观、价值观的基础和待人接物、为官做事的基本风格融入了家风内容。林则徐尚在幼年时，父亲教育他“不妄与一事，不妄取一钱”。他谨守父训，将其作为一生的标杆。

林则徐曾被发往新疆为官，后又在西北一带为官。1847年年初，他自知已进入暮年，便在西安的陕西巡抚衙署为3个儿子写了一份《析产阄书》，作为处理家产的依据。林则徐在信中说，自己为官30多年，没有积下丝毫余财，房产大概值3万两银子，分别给3个儿子。他嘱咐儿子：“产微息薄，非俭难敷，各须慎守儒风，省啬用度。”他还告诫儿子：“只要是我的子孙，当记住韩愈的话：‘要辛劳勤俭，不要迷惑心智’，倘因破荡败业，即非我子孙矣！”这就是告诫后世子孙，要做节俭之人，清廉之官。

家训格言

奉先思孝，处位思恭；倾己勤劳，以行德义。

——唐·李世民《帝范》

“三不要”将军的家风

清朝著名政治家、军事家、书画家，清末水师统帅彭玉麟（1816～1890年），与曾国藩、左宗棠、胡林翼并称“中兴四大名臣”，以“不要官、不要钱、不要命”的“三不要”美名而著称于世。

彭玉麟早年家境孤寒，父亲彭鸣九将为官20多年积攒下来的钱托亲戚购置养老田地。谁知父亲去世后，田地被亲戚强占，彭玉麟兄弟靠着母亲王氏支撑生活。

王氏胸怀宽广，不与人计较长短，始终谨守古人“宁可人负我，决不我负别人”的为人处世信念。彭玉麟15岁时，想要找强占田地的亲戚算账，族中人也准备帮助他们要回属于他们的田产。王氏却说，你父亲寄钱给亲戚买地一事，已经找不到证据了，就由他去吧。她告诫儿子们，过去的就算过去了，今后要自强，也要讲信义。即使别人不讲信义，我们家的信义也不能丢。

后来，彭玉麟在耒阳一家当铺当伙计。当时，太平天国起义军进入湖南，耒阳很多大户人家都四处躲藏，当铺老板也举家外迁，让彭玉麟帮他管理当铺。母亲王氏在病中给彭玉麟写信，嘱咐他：“受人重寄，无亏信义。苟免也，必谨扃钥待主者。”意思是说，你受当铺主人的重托，应当讲信义。即使不可以再做生意，也必须谨慎照看好门面，保管好钥匙，等待主人回来。

彭玉麟牢记母亲的教诲，不忘做人的信义。他小时候曾住在安徽安庆的外婆家中，经常和外婆的养女梅姑一起玩儿，两人青梅竹马，两情相悦，曾经私订终身。但迫于礼教的压力，不得不奉母命另娶他人。后来，在彭母的主持下，梅姑嫁到别家，4年后死于难产，彭玉麟闻讯身心俱裂，哭吟“一生知己是梅花”，并发誓要用余生画10万幅梅花以纪念梅姑。此后无论军务、政务多么繁忙，每个夜晚，彭玉麟都会深情挥笔，描绘梅花。他画了整整40年，才完成了以万幅梅花纪念梅姑的承诺，丧妻后终生未娶。彭玉麟的画作被称为“兵家梅花”，与郑板桥的“墨竹”合称为清代画坛的“两绝”。他的讲信义的为人处世态度，更被认为古今难寻。

彭玉麟这种重信义的态度得自母亲王氏的教导，彭玉麟也以勤俭、忠厚、信义教育子孙后辈。彭玉麟一生不慕名利、不避权贵、不治私产、不御姬妾，为人刚直不阿，淡薄钱财，成为时人敬仰的“彭青天”。他的所作所为在当时的民间流传下一句佳话：“彭公一出，江湖肃然。”彭玉麟在去世前将为官几十年的官俸、养廉、经费等加起来上百万两的收入全部捐出来做了军费。在权贵当道、腐败之极的咸丰、同治、光绪、宣统年间，成为一个极为罕见的清廉、正直、淡泊、重情重义的名臣。

家训格言

应领收之俸给及一切饷银，未尝侵蚀丝毫，未尝置一新袍。敝衣草屐，御之而心气舒泰，中怀澄然无滓，可以明彻天地，俯仰无愧怍，是以历劝家中，幸以余为法。以戒奢侈、崇俭实，戒贪欲、崇廉义为要义，不可妄制一衣，妄用一线也。

——清·彭玉麟

教子牢记“有恒”二字

彭玉麟，教育儿子牢记“有恒”，虽只二字，但言简意赅，富有哲理。

彭玉麟从军、从政，长年在外，书信成为他教育儿子的一部分。其中一封信中写道：读书人可贵的是，只要立下志向，何必担心美好的名声不会远扬？又何必担心家业不会发达兴旺？从前，我常常点灯研书到深夜，吃的是菜多米少的稀饭，对这样的苦，何时曾经忘记！你不要谋求继承祖先带来的恩泽，便骄傲横行，放纵自己。读书应当有恒心，切记不要学到新知识就忘掉旧知识……我们家本是知书达礼的家庭，哪能容忍有不争气的子孙？勤奋与俭朴，是为人处世的原则，有恒心又是勤奋与俭朴的根源。虽然遇到的事情多，当日功课做不完，即使第二天把看书与写字的任务补齐了，自己心里也是不高兴。因此，必须忙里偷闲，把当天的事情当天做完。这个办法是下策，上策是早起几个小时来做功课，绝不可以认为今天耽搁了，还有明天可以弥补。也不可以认为明天有事，今天提前把事情做了就是对的。我多年如一日都是这样做，没有间断，也没有感到辛苦。希望你把我的方法试用一下，时时刻刻把“有恒”二字牢记在心。

有严谨的父母，就有严谨的家风。彭玉麟教育儿子，不是空洞说教，而是用自己读书习文的方法劝诫儿子，要求儿子像自己当年那样，养成每天读书写字的习惯，今日事今日毕，牢记“有恒”二字。

先讲武德，后教武艺

《萧山长巷沈氏宗谱》是浙江沈氏的家谱，写序的是清廷重臣、两代帝师翁同龢。谱中收录的“纶音”（皇帝圣旨），竟多达63道；记录的进士，宋代4人、元代4人、明代1人、清代4人，举人更多达33人。另外，明代还出过武进士4人。老人们相互议论说，怪不得萧山过去有首童谣，说是“金鹅鸣，沈氏兴，代代出公卿”。咱们沈家祖上，真是了不得的鼎盛之家啊！

沈家与一般的世家有一个最大的不同，就是明代竟出过那么多武进士、武举人。宗谱上说，沈家“世代武职”。沈氏后人沈至绪任湖南道州守备时，与敌对阵时被杀，其女沈云英年方20，率数十骑杀入敌阵，夺回父尸。后来朝廷破格任命她为“游击将军”。回到家乡后，她招收本族子弟传授武艺，“先讲武德，后教武艺，报国防身，见义勇为”。如今沈氏宗祠内还有一块很有年头的“云英将军讲学处”石碑一块。晚清时革命先烈秋瑾女士还曾题诗曰：古今争传女状头，谁说红颜不封侯？著名京剧大师程砚秋先生，1928年还亲自主演过一出戏，就叫《沈云英》。

如今，沈氏后人仍延续着长巷沈家德在艺前、见义勇为的家风。祖上那种敢作敢为、有胆有识的精神，仍沉淀在沈家后人的血脉之中。

关云长的后人

要说起关羽（？～220年），中国人印象最深的恐怕就是两点：一是武艺高强，二是忠义过人。而这两条，作为关家的家风，历经多少朝、多少代，一直传承了下来。《水浒传》中五虎大将中的大刀关胜，说是关羽之后，但这只是小说，正史中并未见记载。关家后人真正再振家声的，是清代抗英名将关天培（1781～1841年）。

关天培，父亲关自明出身行武。关天培本人因家贫，只读过几年书，辍学后便跟随父亲习武，关家多少代以后，仍是以习武为业。关天培成人后，遂投身行武，历任把总、千总、守备、游击、参将及参将等职。

鸦片战争时，已升任广东水师提督的关天培率部守卫虎门炮台，决战前他将自己脱落的牙齿、头上剪下的一绺头发及一些旧衣服寄回老家，表示诀别。激战中以身殉国。据说他死后“挺立如生”，那些冲上炮台的英军士兵反骇而仆。

关天培的灵柩运回老家安葬时，“士大夫数百人缟衣迎送”。当地还修了关天培祠。他的长子关奎龙在父亲死后，子承父业，投身行伍，做到参将。另一个儿子关从龙，也荫袭云都尉，长孙关仙保，世袭骑都尉。关天培以后三代，都算从军卫国。

山东潍县的“陈大花翎”

在山东省潍县县城，若问起“陈介祺（1813～1884年）”的大名，或许不少人不知道，可若问起“陈大花翎”，那真是十有八九会回答“知道”，就是陈家府上的老太爷嘛。

潍县陈氏家族是当地的名门望族，祖上陈官俊，曾当过道光皇帝儿子的老师，特许在紫禁城内骑马。陈官俊之子陈介祺，在京城任职多年，因捐军费殊多，被皇上赏赐双眼花翎，相当于今天授予勋章一类的荣誉吧。百姓们见他官帽后插着硕大的花翎，就私下称之为“陈大花翎”。

这位“陈大花翎”对陈家的家风有着极大的影响。很重要的一点，就是陈家干什么事，都要扎扎实实，一竿子插到底。潍县的老辈人都爱说一段“陈大花翎”赈灾的故事。

光绪二年（1876年）潍县大灾，富户纷纷设场施粥。“陈大花翎”亲自来到陈家粥厂，看粥是稀是稠。太稀了，米粒都数得清，比喝了一碗水强不了多少，那不是陈家人办事的风格。“陈大花翎”交代说，稀稠程度，以插入勺子不倒为准。能达到这个标准的粥，可真是跟干饭差不了多少了。这与表面也做善事，可实际是一锅水的做事风格，差别可太大了。

陈家扎扎实实做事的家风，就这么一代一代传承下来了。陈介祺本人编写的《毛公鼎释文》《十钟山房印举》《敬宽书屋联钞》等，部部都是扎实可观的学术专著，是研究青铜器、印章、对联时不能不读的书。不仅有着深厚的家学底子，办事还极其认真，不管干什么，要干，就扎扎实实干好！

居家四败

曾国藩（1811～1872年）在谈及士大夫之家很快衰败的情况时，说了这样一段话：“家败之道有四，曰：礼仪全废者败；兄弟欺诈者败；妇女淫乱者败；子弟傲慢者败。”

在另一篇文章里，曾国藩论及“居家四败”时说：“妇女奢淫者败，子弟骄怠者败，兄弟不和者败，侮师慢客者败。”值得注意的是，将妇女的品行提到了第一位。这两段论述略有出入，但归根到底，曾国藩认为，一个家族之所以衰败是因为家中的妇女、子女和兄弟之间出了问题。所以一个兴旺的家族的教育、管教一定是非常严格的。

曾家的家风正是如此。曾国藩在外做官时，曾给守在湘乡老家的夫人写信说：“夫人率儿妇辈在家，须事事立个一定章程，居官不过偶然之事，居家乃是长久之计。能从勤俭耕读上做出好规模，虽一旦罢官，尚不失为兴旺气象。若贪图衙门之热闹，不立家乡之基业，则罢官之后，便觉气象萧索。凡有盛必有衰，不可不预为之计。望夫人教训儿孙妇女，常常作家中无官之想，时时有廉恭节俭之意，则福泽悠久，余心大慰矣。”

遵循曾国藩的训示，曾家妇女从未有“奢淫”之病，曾家子孙更没有“骄怠”之弊。兄弟同心，讲求礼仪。这样，去除了“四败”，自然是一片兴旺景象。

“八好六恼”永为家训

曾国藩家族百年兴旺不衰，人们不禁要问：这家的家风，究竟是怎样的呢？曾国藩在清同治五年（1866年）给弟弟的家信中曾提到：“此八好六恼者，诚家世世守之，永为家训。”“八好六恼”是怎么回事呢？曾国藩在信中是这样说的：

“家中要得兴旺，全靠出贤子弟。若子弟不贤不才，虽多积银积钱积谷积产积衣积书，总是枉然。子弟之贤否，六分本于天生，四分由于家教。吾家代代皆有世得明训，惟星冈公（指曾国藩的祖父曾星冈——引者注）之教尤应谨守牢记。吾将近将星冈公之家规编成句，云：‘书、蔬、鱼、猪、早，扫，考，宝，常说常行，八者都好；地、命、医理、僧巫、祈祷、留客久住，六者俱恼。’盖星冈公于地、命、医、僧、巫五项人，进门便恼，即亲友远客久住亦恼。”

由此可知，所谓“八好”，是指“书、蔬、鱼、猪、早、扫、考、宝”。这里稍稍难以理解的是“考”“宝”二字。“考”，是指祭祀祖先、敬奉先考，“宝”，是指搞好亲族和邻里关系这个无价之宝。所谓“六恼”，是指“地、命、医理、僧巫、祈祷、留客久住”，就是说要远离地方闲人、算命的、游医、僧侣、巫术师等，亲友远客老住在家里，也会带来烦恼。

曾国藩所说的这“八好六恼”，其实可以归纳为4个字：

一是“勤”字。曾家之风，尤其强调早起。曾国藩在日记中记载，因起晚了受到长辈的训斥。曾国藩在家书中，曾说过他们曾家高祖、曾祖、祖父、父亲四代人，均有早起习惯，一般凌晨4时即起，冬天时起床2个多小时天才亮。“勤勉”，是曾国藩十分重视的家风之一。

第二个字是“实”，读书，种菜，养鱼，喂猪等，便是做实事。

第三个字是“静”，闲杂人等一律不要上门，家人也不要留客人在家久住，以免多生事端。

第四个字是“和”，敬畏祖先，家族和睦，与邻里也要和气相处。

家训格言

家俭则兴，人勤则健，能勤能俭，永不贫贱。

凡人多望子孙为大官，余不愿为大官，但愿为读书明理之君子。勤俭自持习劳、习苦，可以处乐，可以处约，此君子也。余服官二十年，不敢稍染官宦气习，饮食起居，尚守寒素家风。极俭也，可略丰也。可太丰，则吾不敢也。凡仕宦之家，由俭入奢易，由奢返俭难。尔年尚幼，切不可贪爱奢华，不可惯习懒惰。无论大家、小家，士农工商，勤苦俭约未有不兴；骄奢倦怠，未有不败。尔读书写字，不可间断。早晨要早起，莫坠高曾祖考以来相传之家风。

——清·曾国藩《曾文正公全集》

不为子孙积余财

曾国藩家十分讲求勤俭。曾国藩告诉家人，一张纸、一缕布，甚至竹头、木屑，“皆宜捡拾”，收拾备用。

等到儿女大了，女儿要出嫁时，曾国藩又规定：女儿出嫁，压箱底钱不得超过200两银子。

当时不要说外人不信，就是曾国藩的亲弟弟曾国荃也是半信半疑。同治五年（1866年）曾国藩的第4个女儿出嫁时，曾国荃打开侄女的陪嫁箱子一看，箱底果真就摆着200两银子。曾国荃这才相信哥哥是这么说的，也真是这么做的。要知道，同治五年（1866年），曾国藩已是两江总督，又手握数省兵权。

不留过多的钱财与子孙，不是什么作秀，而是曾家的家风。曾国藩的祖父星冈公在世时，就说过积攒私财是败家之兆一类的话。曾国藩很信服祖上这话，认为与其给子孙留下大笔遗产，不如教子孙走上正道。他在给几位弟弟的信中说，有了钱，“断不蓄积银钱为儿子衣食之需，盖儿子若贤，则不靠官囊，亦能自觅衣饭；儿子若不肖，则多积一钱，渠将多造一孽，后来淫佚作恶，必且大玷家声。故立定此志，决不肯以做官发财，决不肯留银钱与后人。”这段话的大意是说：不要积攒钱财留给儿孙。儿子若贤能，就一定能自立；若不是不肖子孙，则多留一份钱，多造一份孽，淫荡作恶，辱没曾家的名声。

曾国藩过世时，的确没有留下什么钱财给子孙，留下的一些值点钱的布料、佩饰等，也都是皇上赏赐的，全部捐给了曾家家庙。而恰恰是因为子孙自己不靠祖荫过活，故无不发愤自立，曾家后人，代有贤人。

家训格言

凡事皆守“尽其在我，听其在天”二语，即养生之道亦然。体强者如富人，因戒奢而益富，体弱者如贫人，因节啬而自全。节啬，非独食色之性也，即读书用心，亦宜俭约，不使太过。余入本篇中，言养生以少恼怒为本，又尝教尔胸中不宜太苦，须活泼泼地养得一段生机，好去恼怒之道也。既戒恼怒，又知节啬，养生之道，已尽其在我者矣：此外寿之长短，病之有无，一概听其在天，不必多生妄想，去计较他。凡多服药饵，求祷神祇，皆妄想也。

——清·曾国藩《曾文正公全集》

郭筠的《富厚堂日程》

曾纪鸿（1848～1881年）是曾国藩的次子，父亲去世后荫赏举人，充兵部武选司郎官。但他不热衷于仕途而酷爱数学，并通天文、地理、舆图诸学。可惜的是，由于平时勤奋过度，年仅33岁即因病逝世了。当时妻子郭筠只有34岁，膝下有四子一女，长子曾广钧年仅15岁。

丈夫去世后，郭筠成了富厚堂曾家的主持人，担当起主持家政、抚育儿女的重任。

郭筠的父亲郭沛霖，与曾国藩是同年进士，官至翰林院编修。郭筠出生在这样的官宦之家，知书达礼，颇有修养。她谨守曾国藩的“书、蔬、鱼、猪，早、扫、考、宝”家训和治家原则，并在此基础上，不断完善发展，订有“曾富厚堂日程”等家训文字，教导儿孙辈延续曾氏家训之遗风。她的《富厚堂日程》很有影响力。

一、男女皆应知习一样手艺；

二、男女皆应有独自一人出门之才识；

三、男女皆知俭朴，每月所入必要敷每月所出，人人自立一账簿，写算不错；

四、男女皆应侠义成性，不应行为有亏；

五、男女应抱至公无私的心肠，外侮自不能入，而自强不求自至矣；

六、我家行之，一乡风化，则强国之根此矣。

郭筠在篇中首先强调，不论男女都要学习一门技艺，这在当时是比较前卫的，即“男女平等”，不要存男尊女卑的旧习。有技艺在手，在哪里都可以生存，意在强调，官宦子弟不要依靠父辈祖辈的功名和庇佑。

在郭筠的教育下，4个儿子曾广钧、曾广镕、曾广铨、曾广钟均有成就。曾广钧在光绪十五年（1889年）得中进士，官至翰林院编修。女儿曾广珊在诗文书法方面颇有成就，被时人称清代著名女诗人。

家训格言

吾生平长进，全在受挫受辱之时，务须咬牙历志。蓄其气而长其智，切不可颓然自馁。“坚忍有恒”四字，最为办事要着，勿畏难中辍，勿滋生弊窦，勿遗人口实。照此进行，何患不达目的。

——清·曾国藩《曾文正公全集》

交友的原则

【原文】

交游之间，尤当审择，虽是同学，亦不可无亲疏之辨。此皆当请于先生，听其所教。大凡敦厚忠信，能言吾过者，益友也；其谄谀轻薄，傲慢亵狎，导人为恶者，损友也。推此求之，亦自合见得五七分，更问以审之，百无所失矣。但恐志趣卑凡，不能克己从善，则益者不期疏而日远，损者不期近而日亲。此须痛加检点而矫革之，不可荏苒渐习，自趋小人之域。如此则虽有贤师长，亦无救拔自家处矣。

——宋·朱熹《与长子受之》

【译文】

交朋友要慎重选择，虽是同学，也不能没有亲疏的分别。这些都要向老师请教，听从教诲。一般来说，待人忠厚诚实，能直言自己过失的，是好的朋友；那些阿谀奉承、出言轻薄、不知自重、教人做坏事的，是不好的朋友。如果按照这个标准来交朋友，自己也只可看清五至七分，再向老师请教，进一步考察了解，那就百无一失了。但是我担心你志向情趣平平，不能自我克制而不乐于接受别人正确的意见，这样好的朋友虽不想疏远也自然而然地疏远了；不好的朋友虽不想亲近却日益亲近了。这就需要你严加约束自己，改正弱点，不要长久地放纵自己，以致染上这些坏习惯，从而让自己进入小人的圈子。如果这样，即使有贤良师长，也不能改变自己的处境。

张母教子尽忠报国

刘方尧曾是清末湘军将领曾国荃的部下。眼看清朝日益衰落、西方列强屡屡入侵，刘方尧有着恢复中华的远大理想。他经常跟妻子张氏谈及国家面临的危亡时局，感叹自己生不逢时。刘方尧也常常向儿子刘揆一、刘道一讲岳飞的故事，砥砺后辈的民族情感和爱国热忱。

在这种家庭教育熏陶下长大，刘揆一、刘道一很年轻时便具有强烈的报国志向。1903年年末，兄弟俩参加了黄兴发起的旨在“驱除鞑虏、复兴中华”的华兴会。次年，谋划长沙起义，事泄失败，兄弟俩与黄兴流亡日本。后参加同盟会。1906年秋，刘道一受黄兴委派回国，筹组萍浏醴起义，是年12月，起义爆发，他在由衡阳返回长沙途中被捕，同年12月31日在长沙英勇就义，年仅22岁。刘道一是留日学生中因反清革命被杀害的第一人，也是同盟会会员中为革命流血牺牲的第一个烈士。

刘道一遇害时，父亲刘方尧已经去世，邻居劝刘揆一与母亲张氏远走他乡。然而，张氏大义凛然地说：“吾子能为范滂，吾独不能为滂母而畏祸乎！”意思是说：我的儿子刘道一能成为东汉时期范滂那样为民请命献出生命的人，我做母亲的唯独不能成为范滂母亲那样的人，还怕招惹祸害灾难吗？张氏还对刘揆一说：“你一生立志做事，难道就是为了生活得舒适丰盛吗？”张氏告诫儿子，当以恢复中华为己任，奋斗终生。

刘揆一牢牢记住母亲教诲。后来，袁世凯企图复辟帝制，刘揆一在天津创办《公民报》，以《公民报》为阵地揭露袁世凯复辟帝制的阴谋。袁世凯极为恼火，要雇人逮捕刘揆一，并威胁张氏。张氏毫无所惧地说：“假如袁世凯对我不客气，我将以三国时期徐庶母亲为榜样！”由于张氏深明大义，不畏强暴，袁世凯也不敢对她怎么样。张氏毅然支持儿子投身正义事业，这在旧时女性中是不多见的。

1932年，刘揆一任南京政府行政院顾问等职。1934年，因主张停止内战、共同抗日，被蒋介石罢免。新中国成立后，刘揆一留在大陆，任湖南省军政委员会顾问。

家训格言

吾尝言人生须分三截：少年一截，中年一截，晚年一截，此三截中无一毫拂逆，乃是大福全福，未易得也。三截中有两截好，已算福分矣。但此两截好，须在中晚方佳；若晚年不好，便乏味也。必不得已，中一截不好，犹之可耳。汝少年总算顺境，但愿以中年之小不好，博晚年之大好，仍不失为福慧楼中人。

——清·俞樾《诫女不畏吃苦》

“为人须吃得苦”

王先谦（1842～1917年）是清末大儒，在晚清学界有着重要影响，尤其对湖湘文化做出过重大贡献，曾任国子监祭酒、江苏学政，湖南岳麓、城南书院院长。祖上曾是名门望族，家风严谨。他的父亲王锡光是一位有名的乡儒，在当地名望很高。王先谦自小受到家学熏陶，父母对其教育丝毫没有放松。尤其母亲鲍氏经常告诫他，为人须吃得苦，又须耐得住贫困。

鲍氏出身于书香世家，从小接受过较为系统的儒家传统教育，既有才华，又知书达礼。王锡光曾感慨地对鲍氏说：“希望你以后能够比我先去世，我可以为你作一文来祭祀你，用来表彰你的良好品行！”遗憾的是，王锡光先于鲍氏去世。

鲍氏经常教育子女：男子最重要的是不怕艰苦贫穷，女人最重要的是知晓礼仪……一个人应该在贫困时当作富裕时坦然看待，而在富裕时又要常常想想贫困的时候。她还告诫子女：一个女人如果不能吃苦，幸福是很难长久的。你们的祖母就是这样教育我的，我们相传下来的家规，你们应当代代遵守。

在鲍氏病危时，王先谦流着泪禀告母亲：倘若您不可避免要离开人世，我们这些做儿女的一定会谨慎而恭敬地遵守家规，像您在世时教导我们的那样安分守己，绝不使您老人家在九泉之下感到遗憾。

谭母教儿“人贵自立”

晚清著名思想家、维新派首领之一的谭嗣同（1865～1898年），从父母那里受到的最大教育就是：父亲立志苦读，终成功名；母亲以身示范，教育儿子人贵自立，要立志为人。

谭嗣同的父亲谭继洵出身于清贫之家，从小就自励苦读，希望日后有所作为。谭嗣同的母亲徐氏为了帮助丈夫实现愿望，把家里的事都承担起来。她每天鸡叫头遍便起来烧火做饭、洒扫庭除，晚上缝纫纺织到深夜才休息，

日复一日，从不喊苦，从不厌倦。谭继洵终于在26岁时中了举人，37岁中进士，成为户部员外郎，次年转户部郎中，后历任陕甘按察使、甘肃布政使、湖北巡抚兼湖广总督等官职。

丈夫做了京官后，收入有了提高，家庭生活条件有了很大改善，但徐氏仍然像以前一样辛勤劳作。父亲忙于政事，教育儿子的事情都落在母亲徐氏身上。谭嗣同每天早晨在母亲的关照下去私塾读书，傍晚回家，第一眼看到的总是母亲辛劳忙碌的身影。

谭嗣同7岁那年，母亲要带着他的哥哥回湖南，把他留在京城，一再告诫他要学会自立，像父亲那样在清贫中苦读成才。谭嗣同恭敬地对母亲说："孩儿牢记母亲的话，请母亲放心吧！"依依不舍地送别了母亲和哥哥。

母亲和哥哥回湖南后，谭嗣同特别想念他们，但当别人问他想不想时，他总说不想。终至思念成疾，身体日渐消瘦。一年之后，母亲返回京城，问其生病的原因，谭嗣同并不承认是思念母亲所致。母亲对周围的人笑着说："这个儿子性格倔强，能够自立了，我就算现在死了，也没有什么可担心的了！"

后来，谭继洵被谭钟麟荐于左宗棠帐下，谭嗣同得以拜浏阳著名学者欧阳中鹄为师。在欧阳中鹄的影响下，谭嗣同对王夫之的思想很有兴趣，一步步走上救亡图存的爱国之路。人们至今都怀念这位甘愿为中国变法流血牺牲的热血志士，他的"我自横刀向天笑，去留肝胆两昆仑"名句，激励着一代又一代的中国人。

半块兰花豆腐干

北京大学校长蔡元培（1868～1940年）先生，祖籍浙江诸暨。明朝末年，蔡家移居至浙江绍兴。父亲是钱庄经理，秉性仁厚，但不幸的是在蔡元培11岁时，父亲就病故了。母亲一人带着兄弟三人，艰难度日。尽管日子过得不易，但对家风的传承，却丝毫没有放松。母亲对儿子最常说的一句话，就是“不苟取，不妄言”。这句话是什么意思呢？咱们先看一个小故事。

蔡元培母亲做的兰花豆腐干，又糯又香又好吃。有一次，母亲做好后怕儿子馋，先一人给他们吃一块。蔡元培吃得快，一会儿就吃完了，看到弟弟还有大半块没吃完，眉头一皱，计上心来，对弟弟说：“如果你把手上的半块豆腐干给我吃，我明天就带你到兰亭去玩儿，后天带你去看越王台。这两个地方可好玩儿了。”弟弟当真了，就把手上半块豆腐干送给蔡元培吃。看着哥哥吃完，弟弟越想越心痛，就哭着到母亲那里告状去了。母亲听了当场不动声色，等到第二天早上，蔡元培一觉醒来，还没从床上爬起来，母亲就拿起一根细竹竿，掀开蔡元培的被子，朝他的屁股打去。一边打，一边说：“兰花豆腐干你们每个人都有，为什么你要吃弟弟的呢？这就是夺取不正当财物，叫苟取。你是不是还说过今天要带弟弟去兰亭、明天去越王台？路这么远，怎么去，这就是妄言。”

这一顿打，让蔡元培永远记住了什么叫“不苟取，不妄言”。这句话，在他成为教育家后，经常用来教育学生，为国家培养了许许多多“不苟取，不妄言”的栋梁之材。

一生只穿布鞋的竺可桢

竺可桢（1890～1974年），浙江省绍兴市人，是我国近代地理学、气象学奠基者。熟悉竺可桢先生的人都知道，他一生只穿布鞋，极少穿皮鞋。要知道，他可是在国外留学回国的洋博士，怎么就这么钟情“土气”的布鞋呢？说起来，这是与竺家的家风分不开的。

竺家世居绍兴东关镇竺家台门，祖上也是读书人，可到了竺可桢这一代，家里已是没落了。所以他15岁才从小学毕业，全靠师友的帮助才去上海念了澄衷学堂，后又出国留学。

竺可桢去上海的前一天晚上，母亲郑重地将熬了好几个通宵才赶制出来的一双布鞋交到儿子手中，语重心长地说：“孩子，这双布鞋是我一针一线缝起来的，明天一别，你将离开父母去独立生活，外面的世界很复杂，做父母的不可能一直跟随在你身边。你要好自为之，长大后做个有用的人才，为家乡人争光；一个人在外，要注意身体，穿着这双布鞋，就好比我始终和你在一起……”望着母亲眼角的鱼尾纹，竺可桢不禁双眼湿润，但他强忍着不让泪水流下来，坚定地说：“母亲，我会一辈子记住你的话！”

从此往后，竺可桢就爱上了穿布鞋，而且还叮嘱鞋匠师傅，一定要按照当年母亲为他做的那双鞋的式样来做。

竺家俭朴、自强的家风，竺家母亲的“布鞋精神”，仍在竺家一代一代地传承着。

崇　俭

【原文】

夫圣代之君，存乎节俭。富贵广大，守之以约；睿智聪明，守之以愚。不以身尊而骄人，不以德厚而矜物。茅茨不剪，采椽不斫，舟车不饰，衣服无文，土阶不崇，大羹不和。非憎荣而恶味，乃处薄而行俭。故风淳俗朴，比屋可封，此节俭之德也。

——唐·李世民《帝范》

【译文】

古代盛世的明君，必定保持节俭的美德。他们富有天下，却安于节俭；睿智聪明，而不愿投机取巧。他们不因为地位尊贵而待人傲慢，不因为恩德广大而居功自傲。他们身居茅草之屋，却不加修剪，柞栎做的椽子，也不加雕琢，使用的舟车也不加装饰，身上穿的衣服也不用纹饰，泥土砌成的台子也不高，吃的肉汤不加佐料。他们生活如此简朴，并非是他们不喜欢华丽和美味，而是以身作者，居处淡薄，行事节俭，为天下百姓做表率。因此，他们治下的地方民风淳朴，每家都有可受封爵的德行，这就是节俭的美德啊。

梁启超挨鞭打

中国近代维新派领袖、著名学者梁启超（1873～1929年），自幼聪慧过人，读书过目不忘，很得梁家长辈钟爱。长辈喜欢还来不及，连责骂都很少，怎么会鞭打他呢？

说起来，还是梁启超6岁时的事情。当时梁启超的父亲在省城参加科举考试，只有母亲在家。有一次，年幼的梁启超没有说实话。梁启超的母亲是一位性格温良的女性，一乡皆知。可这回得知儿子说谎，却动了大气。她把儿子叫到卧房，耐心询问，发现儿子确实说谎，盛怒之下，拿出鞭子，狠狠抽打了10下，并训诫道：“你如果再说谎，将来会变成小偷、强盗、乞丐！”说着又流着泪把儿子抱在怀中，轻声细语地接着讲道理：人为什么说谎，要不是做了不该做的事情，已经做了坏事，已是罪过了，如果实话实说，或许是因为他不知道这件事不能做，尚可原谅，可以改正。而说谎，是因为他心里知道这件事不对，明知故犯，还要骗人，尤其可恶。

这一顿打，这一番苦心教导，给年幼的梁启超留下了极其深刻的印象。他说：“我家之教，凡百罪过，皆可饶恕，惟说谎话，斯断不饶恕。”等到梁启超30多岁，已是名满天下时，他仍说：“我母此段教训，我至今常记在心。”“母之教训，实不易多得。”

绝不允许说谎，是梁家多少年、世代相传的家风。梁家对子女的教育十分成功，代有人杰。

“总要不坏自己家的本色”

梁启超出身于一个半农半儒的贫寒家庭，他总是把梁家的“寒士家风”挂在嘴上。但“寒士家风”并不只是说生活上的极端刻苦，而是要像“寒士”一样，生活节俭，好学上进。

梁启超总是跟子女说，他们梁家的“寒士家风”不可丢。1916年2月8日，他在给孩子的信中说：“吾家十数代清白寒素，此最足以自豪者。”他觉得梁家“最足以自豪”的精神财富，就是十数代人都固守“清白寒素”的家风。“清白”指的是政治，“寒素”指的是经济。做人清清白白，做事干干净净。

梁启超曾在日本流亡10多年，没有稳定的经济收入，家里孩子又多，生活十分困难，餐桌上常常是只有米饭、咸萝卜。但梁家的孩子却不以为苦，坚持不懈。

民国初年，尤其是梁启超到清华当教授后，收入颇丰，但他仍不许孩子们乱花钱，说“总要不坏自己家的本色”，告诫孩子们“生活太舒服，容易消磨志气”。1924年起，梁家几个孩子先后赴美留学，除了路费及少量零花钱，学费均要靠打工维持。五子梁思礼，学费靠美国卡尔顿学院给的全额奖学金，课余干过洗碗工、泳池救生员、罐头厂工人等。1926年，已成为驻加拿大总领事夫人的女儿梁思顺给父亲写信说，因北洋政府局势动荡，外交官领不到足额薪水，生活窘迫。梁启超给女儿回信说：“只要不至冻馁，在这种半清静半热闹的地方，带着孩子们读书最好，几个孙子叫他们尝尝寒素风味，实属有益。”梁启超还在给女儿思顺和女婿希哲的信中说：

“你和希哲都是寒士家风出身，总不要坏自己家本色，才能给孩子们以磨炼人格的机会。生当乱世，要吃得苦，才能站得住（其实何止乱世为然）。一个人在物质上的享用，只要能维持着生命便够了。至于快乐与否，全不是物质上可以支配。能在困苦中求出快活，才真会打算盘哩！”

正是在“清白寒素”家风的影响下，梁家9个儿女个个成才，至今已逾百年，人才辈出，家族兴旺。

家训格言

读书见一件好事，则便思量，我将来必定要行；见一件不好的事，则便思量，我将来必定要戒。见一个好人，则敬他，我将来必要和他一般；见一个不好的人，则思量，我将来切休要学他。则心地自然光明正大，行事自然不会苟且，便为天下第一等人矣。

——明·杨继盛《椒山遗嘱》

宁愿儿子死，不能染恶习

海宁南关厢吴家与海宁徐家是姻亲。吴家出了一个著名国学大师叫吴其昌（1904～1944年），徐家出了一个著名诗人叫徐志摩（1897～1931年），他写的《再别康桥》等诗篇几乎无人不知。吴其昌先生曾写过一篇题为《志摩在家乡》的文章，回忆吴、徐两家关系和儿时的家教、家风：

> 我的祖母和志摩的祖母，是亲姐妹。我的祖父吴少华，志摩的祖父徐星匏，他们是顶好的襟兄弟，他们同娶于伊桥孙氏，那时候徐家固然很富，我们家也还很阔，都是小城市中的大田主阶级。除了田主阶级以外，他们的世代开着：丝行、酱园、钱庄的；我们世代开着：米行、油车的……我们住在大瑶桥，他们住在中宁巷，两家的老厅，一样的旧，一样的黑，一样的古老，一样的“马头墙”、“四开柱”、“砺彀窗”，一样的经过“长毛”而没有毁。

看来，吴家、徐家，都是海宁当地的富有人家、故旧人家。而令吴其昌先生印象更深的，是从小时家教之严。他说，他很小时出麻疹，高烧数日仍不见出痘。那时乡下有个习俗，说是让孩子看看骨牌上的红点，有助于出痘。这当然是封建迷信了，但父亲为此动了大气，不是因为封建迷信，而是因为这触犯了不许赌博的家风。吴其昌先生写道：“（父亲）自外归来，见状大怒，骨牌抛至屋顶，说：‘我宁见儿子死掉，也不愿他染此恶习！’故其家中6个子女，无一沾染赌博的习气。”

吴其昌先生这一辈兄妹6人，4女2男。他本人小学毕业就研读《传习录》《经义述闻》，终成国学大师。其弟吴世昌（1908～1986年）也是著名的红学专家。如今活跃在各行各业的吴氏家族佼佼者众多。

家训格言

谨言非不言也。处得言之地，值当言之事，则亦安得不言？人每不谨其所不当言，却于事之在所当官者，一似其谨。夫岂不知其当言，第其意不欲取嫌，惟恐召怨，因之不敢稍忤于人。是人也小人悦之，正人君子则耻之。

——《药言賸稿》

君子应有所畏惧

【原文】

今人有为不善之事，幸其人之不见不闻，安然自肆，无所畏忌。殊不知人之耳目可掩，神之聪明不可掩。凡吾之处事，心以为可，心以为是，人虽不知，神已知之矣。吾之处事，心以为不可，心以为非，人虽不知，神已知之矣。吾心即神，神即祸福，心不可欺，神亦不可欺。《诗》曰：“神之格思，不可度思，矧可射思。”释者以谓“吾心以为神之至也”，尚不可得而窥测，况不信其神之在左右，而以厌射之心处之，则亦何所不至哉？

——宋·袁采《袁氏世范》

【译文】

现在有人去做坏事，侥幸没有被别人听到或者看到，便心安理得，无所忌惮。殊不知做坏事纵然可以掩人耳目，但是终究逃不脱神明的觉察。我们做事的时候，内心觉得可行的，内心觉得是对的，虽然别人不知道，但是神明早已知晓。我们做事的时候，内心觉得不该如此，内心觉得这样做是错误的，神明也不可欺骗。《诗》上说：“神明的到来是不可预测的，既然如此岂敢不多加敬畏？”佛门中人认为“我的心可以感觉到神明的降临”，如此尚且不能探测，更何况有些人不信神明在其左右，而以怠慢、不恭敬的态度来对待，那么这样的人还有什么事做不出来呢？

“不要贪”

梁漱溟（1893～1988年）先生给儿孙留下的忠告，就是3个字：不要贪。

吃饭不要贪。梁漱溟先生的长孙梁钦元先生回忆说，祖父带孩子们出游，只给每个孩子准备二两饭。祖先说，吃饭，太贪不好。

学习不要贪。梁钦元先生说，祖父在谈到学习时，也告诉儿孙们“不要贪，有行有止，不沉溺不放任”。对孙辈们，梁漱溟也不强求他们非要去做学问、读博士。他认为，只要愿为大众服务，生命力得到发展，就是好的人生。

金钱不要贪。梁漱溟先生是真正的儒者，终生以修身齐家治国平天下为己任，对金钱看得很淡漠。

梁家后人回忆说，“文化大革命”时期，已是古稀之年的梁漱溟早上起来要打扫公厕，扫大街，白天要挨批斗，家里的参考书也被查抄。可就是在这样的处境，梁漱溟内心依然平静澄澈，不惊骇、不讶异、不报怨，反倒抓紧时间，开始写作《儒佛同异论》。这种心态，与他那“不要贪”的人生哲学，也是分不开的。

如今，梁家后人在面对难题时，面对抉择时，依然会想起这3个字：“不要贪”。一代又一代的梁家人，就在“不要贪”的人生智慧引导下，越活越快乐，越活越洒脱。

画品根于人品

我国著名画家吴昌硕（1844～1927年），不仅画品好，人品更好。吴家人世代相传：中国美学之核心是“品”，画以人重，艺由道崇，画品之高，根于人品。

吴昌硕故后，其子吴东迈重视对后辈进行家风教育，为弘扬吴昌硕艺术，曾斥巨资创办昌明艺术专科学校，并不辞辛劳，资助杭州、安吉等地创办吴昌硕纪念馆，还慷慨化私为公，捐献了一批又一批艺术作品。吴家人认为，吴昌硕的艺术不仅属于吴家，更应该属于国家，属于中华民族。吴家多次把“家藏”变为“公器”，有些赠品极其珍贵，连家人都未曾见过。

从绘画史上看，艺术能传两代已属不易，而吴家却代代勤奋学艺，精诚团结。近年来吴昌硕三代书画展、吴昌硕四代书画展多次在海内外成功举办，“吴门艺术”已传到四代，实在是难能可贵。其原因之一，或许恰恰就在于吴家画品根于人品的家风吧。

家训格言

汲汲焉，毋欲速也；循循焉，毋敢惰也。非止学问如此，日用事物之间，皆当如此，乃能有成。

——元·许衡《许鲁斋语录》

从“五子登科”到“共成斯举”

山东省邹平县孙镇辉里村并不是什么旅游景点，可当地十里八乡的百姓都知道这个村，因为这个村出过一个“五子登科”的李家。

李家其实就是村里一户比较富裕的农户，后来这家人养育了6个儿子，除老大李景严17岁早逝外，其他五子都考中了科举：老二李鹏，乾隆六十年（1795年）进士，官至知府；老三李景岱，嘉庆六年（1801年）进士，任过河北清苑（今属河北保定）、获鹿等县知县；老四李鹄，嘉庆十六年（1811年）进士，官至知县；老五李景峄，乾隆五十九年（1794年）举人，官至苏松太兵备道；老六李景嵩，嘉庆四年（1799年）进士，曾任河北深泽县知县。一个普通的农家，在20多年里竟有5人考中进士、举人，官至知县、知府，自然在当地产生了极大的影响。

在李家重视教育的家风影响下，辉里村几乎家家户户都非常重视教育。到了清末，村里富户集资建起全县最早的村级初等小学。后来，已移居外地的李家后人卖掉自家的大杨树，给小学校做课桌椅。在李家的带动下，辉里村100多户村民捐钱捐物，将小学校修缮一新。著名教育家梁漱溟先生，十分赞赏李家和村民的义举，挥毫写下“共成斯举”四个大字。

据李家后人讲，建于清代道光年间的李家老宅，20世纪50年代还在，门楼悬挂的“五子登科”匾、“兄弟同榜”匾、“进士及第”匾都还在。可惜今日已是不存。老宅不在了，但李家刻苦读书、发愤努力的家风，已是融入家乡的山山水水，鼓舞着千万后人奋进学习！

教育子女莫图虚名

谭延闿（1880～1930年），湖南茶陵人，曾任两广督军，3次出任湖南督军兼省长兼湘军总司令，授上将军衔，陆军大元帅，任南京国民政府主席、行政院院长。他的书法很有名，是民国时期民国四大书法家之首，有“近代颜书大家”之称。

谭延闿的父亲谭钟麟，30多岁考上进士，一开始是在翰林院，40多岁才到外面做官。左宗棠收复新疆的时候，谭钟麟是陕甘总督，给左宗棠搞后勤，供应粮草。收复新疆，他也有份功劳。后来，谭钟麟又当了吏部尚书、闽浙总督、两广总督。从两广总督这个位置退下来后，他们一家住在长沙。

谭钟麟很重视几个儿子的教育，到处请名师。谭延闿是谭钟麟的第三个儿子，幼承家学，天资聪颖，5岁入私塾。其父规定3天要写一篇文章，5天要写一首诗，还要练写几页大、小楷毛笔字。少年临池，颇有笔力，光绪帝的师傅翁同龢称之为“奇才”。

谭延闿的母亲李氏嫁入谭家，为人处世小心谨慎，任劳任怨，勤俭持家。李氏在家训中告诫儿子，为人做事千万不要徒求虚名，而要专注于实际事务。她在家训中说：“其诲不孝等必以古人为期，且曰：‘读书所以学为人也，徒猎取富贵何益？吾望汝曹为好人，不望汝曹得好官也。’”她强调，要效法古人教子。古人的观点是读书是为了学做有用的人，为社会做贡献，如果仅仅是为了求取功名富贵，有什么益处？我希望你们做一个有用的人，专注于实际工作的人，而不是希望你们获取一个名义上的官职。

谭钟麟为官多年，李氏跟随丈夫，也曾有机会接触到一些官员，她以自己的亲身经历教育子女。她说："那些官位低下的人很难阐发自己的理想和志向，官位尊贵的人又难得到百姓的拥戴。我跟随你们父亲这么多年，亲眼看到他对工作早起夜思，不敢有丝毫懈怠，即使这样，还是经常感叹自己想做的事情不能尽情去做，一些能够去做的事情又往往不能尽如人意，何况那些职位低下的人？目前你们的才识远不及你们的父亲，就去做官管理百姓，我对此深感忧虑。"

她反复告诫谭延闿等人，不要徒求虚名，也不要一心为了做官，应重在做一个有用的人。在她的教养之下，儿子谭延闿、谭泽闿都成为民国时期有名的军政要人和学者。

家训格言

读书志在圣贤，非徒科第；为官心存君国，岂计身家？

——清·朱柏庐《治家格言》

俭之为道

【原文】

俭之为道，第一要平心忍气。一朝之忿，不自度量，与人口角斗力拗讼经官，事过之后，不惟破家，或且辱身。第二要量力举事。土木之功，婚嫁之事，宾客酒席之费，切不可好高求胜，一时兴会，所费不支。后来补苴，或行称贷。倘若无力，逋则丧德。第三要节衣缩食。绮罗之美，不过供人之欢羡而已。若暖其躯体，布素与绮罗何异？肥甘之美，不过口舌间片刻之适而已，若自喉而下，藜藿肥甘何异？

——明 · 朱柏庐《劝言》

【译文】

以节俭作为生存法则，第一要平心静气、学会忍耐。一时的气愤，不能正确估计自己，与他人发生口角甚至打官司，事情过去之后，不只是耗尽家产、败坏家庭，有时将会使自身受到羞辱。第二要量力而行。比如建筑房屋的功德，娶妻嫁女的喜事，宴请宾客的花费，都不能争高好胜，因一时兴起，而无法支付后续费用。以致后来弥补亏空，有时会举债。如果无力偿还，就会因为拖欠而丧失道德。第三，要节衣缩食。绫罗绸缎不过是供人们羡慕罢了。如果只为了使自己暖和，粗布衣服与绫罗绸缎有什么不同呢？肥美的食物，不过是让口舌得到片刻舒适罢了，如果只为了满足饥饱，粗劣的饭菜与肥美的食物有什么不同呢？

乔家的六条硬性家规

去过山西省祁县乔家堡村乔家大院的人，或许还记得乔家发家的始祖乔贵发。他是清朝乾隆年间人。乔贵发少年时父母双亡，受尽冷眼，只有一位程姓女子可怜他，经常接济他，并对村民们说，不要门缝里看人，说不定这孩子以后会有大出息。

这话还真让程氏说中了，20年后，乔贵发已是富甲一方，衣锦还乡。看到程氏已成寡妇，还带着两个孩子，竟迎娶程氏为妻，并将她的两个孩子视为己出。后来在分配家产时，程氏的两个孩子与乔贵发亲生的孩子，份额是一样的。

乔贵发穷过也富过，他深知金钱的好处，也深知金钱的坏处。所以他给乔家的子孙立下了六条硬性家规：

一是不准纳妾；
二是不准虐仆；
三是不准嫖妓；
四是不准吸毒；
五是不准赌博；
六是不准酗酒。

说是“硬性家规”，就是说这六条是底线，一旦触犯，严惩不贷。首先乔贵发本人做到了这六条，子孙们自然不敢不从。乔氏后人乔映奎只生了一个女儿，仍不敢纳妾，只是将侄儿过继了事。

乔家老辈人说，亏得有这六条硬性家规，才使得乔家家风朴素如初，家声不坠。而不知有多少“土财主”，发家以后，儿孙吃喝嫖赌，没有几十年，家产即被挥霍干净。所以，能传承上百年的家族，一定是有着纯正的家风的。

家训格言

毋以饮食伤脾胃，毋以床笫耗元阳，毋以言语损现在之福，毋以天地造子孙之殃，毋以学术误天下后世。

——明·袁衷《庭帏杂录》

临终前烧掉债据

浙江定海北门丁家，据县志讲，是清代康熙年间迁徙来的。丁家祖上虽说文化不高，但极其敬重读书人，对一页纸、一部书籍，都敬若神明，不容亵渎。老辈人说，丁家从小教育孩子爱惜纸，说这样的孩子长大了，才会念书，才会出息。经过几代人奋斗，开设的丁福兴纸书店，成了响当当的大商铺，去上海打拼的子孙，也小有成就。丁家，成了当地的富有人家。

丁家富有了，但不忘贫穷之时。老辈人经常和子孙讲，过去没床，就睡在做豆腐的木板上；没菜，就用盐巴下饭。遇到穷苦人家来借钱，丁家总是慷慨解囊，帮人一把。有时丁家也没现钱，就会拿出一件祖传的皮背心给他们，让他们去当铺换几个钱救急。这件皮背心出出进进当铺多次，当铺都认识了。老辈人说，求人难呐，谁都有个为难的时候。能帮，就帮人一把吧。

丁家有位祖先，叫丁纯增（1813～1900年），族里称作“祥绥公”，88岁过世前，把所有债据付之一炬。出丧那天，定海成百上千的人身穿白衣，自发送丧。丧事，也是中国传统社会教育子孙的重要场合。孩子们从来吊唁之人的言语中，从送丧之人的表情中，自己会悟出逝者为什么受人尊敬、受人爱戴。

富裕了，不忘贫困之时；发达了，不弃贫穷之友，这，或许就是定海丁家的家风。

“四留铭”

河南巩义康店镇，有一个“康家大院”，占地240余亩，拥有33个院落。这所大院的主人，与山西著名的乔家大院的主人有点相似。据说，康家祖上是从山西迁来的，山西人擅长做面食，到了巩义，就开了家面馆，因量足价低，挣得了第一桶金。后代再读书科举，逐渐成为当地名门望族。当地有句话，说是“马跑千里不吃别家草，人行千里尽是康家田”。可见康家之富。1900年八国联军入侵北京，慈禧太后逃难回京时，康家修路铺桥，并送珠宝。慈禧笑道：“想不到这里还有个康百万。”从此人们都称康家为“康百万”。

康家整整富裕了12代人400多年，打破了“富不过三代”的咒语。康家老辈人说，康家能兴盛这么久，关键就在于家教严、家风正。康家的正堂内，原挂有南宋进士王伯大所撰《四留铭》：

留有余，不尽之巧以还造化；
留有余，不尽之禄以还朝廷；
留有余，不尽之财以还百姓；
留有余，不尽之福以还子孙。

康家老辈人说，康家家风中很重要的一条，就是要懂得“留有余”。后来康家之所以衰败，也与进入民国以后，康家出了几个大烟鬼有关。康家那么大的家产，都被不肖子孙换了鸦片，消失在缥缈缭绕之中了。当地的老人们都感叹：康百万的家产，都抵不过几个鸦片鬼。可见留下金山银山也无用，还是留下淳朴家风才能顶事，家运才会长久。

家训格言

进学莫如谦，立事莫如豫，持己莫若恒，大用莫若畜。

知有己不知有人，闻人过不闻己过，此祸本也。故自私之念萌则铲之，谗谀之徒至则却之。

——明·吴麟征《家诫要言》

“邓家大屋”的家风

安徽省怀宁县邓家大屋，是当地名门大族邓氏家族的老宅。晚清名臣曾国藩，年轻时即十分爱读桐城派的文章，或许是那时，就对邓家留下了深刻的印象。后来他与太平军在安徽一带作战时，便将邓传密、邓解父子揽至帐下任幕僚。不料邓解早逝，只留下一个儿子。曾国藩在同治二年（1862年）除夕这天的日记中写道：

> 午刻，邓守之（邓传密字守之——引者注）来，携一幼孙，仅八九岁，盖完白先生（即邓石如，号完白山人——引者注）之子孙仅存此耳，相对凄然。

这个当时八九岁的孩子，叫邓绳侯，跟着祖父读了几年书，祖父也弃他而去。但好在这个邓家三世单传的孩子，不负众望，不坠家声，成了著名的教育家。他是民国后安徽省首任教育司司长，安徽省今日有名的几所大学、中学，安徽省图书馆，都是在他任内创建的。对邓家来说，除了延续了邓家崇文重教、忠君爱国的家风，邓绳侯还有一个贡献，就是生了几个光耀门楣的儿子。

邓绳侯的二儿子邓仲纯，留日学医，与陈独秀（1879～1942年）为好友。抗战时他在四川江津行医，对沦落至此的陈独秀很是照顾。据称陈的后事，也是他给料理的。后来邓仲纯曾任青岛人民医院院长。

邓绳侯的四子邓季宣，赴法留学，归国后历任复旦大学、光华大学、安徽大学等校教授。他在自传中说，邓家“上溯祖先七代，皆属知识分子，多从事文艺及教育工作”“恪守明末遗老之民族思想，从不参加有清一代之科举考试”。

邓绳侯的三儿子邓以蛰，毕业于日本早稻田大学，归国后历任清华大学、北京大学、燕京大学、厦门大学教授，与宗白华（1897～1986年）先生齐名，时称“南宗北邓”，是我国现代美学奠基人之一。

邓以蛰有个儿子，可谓誉满天下，那就是“两弹”元勋邓稼先（1924～1986年）。壮哉，邓家大屋，愿邓家爱国、读书的家风永远传承下去。

家训格言

眉公云：静坐然后知平日之气浮，守默然后知平日之言躁，省事然后知平日之费闲，闭产然后知平日之交泛，寡欲然后知平日之病多，近情然后知平日之念刻。

——明·陈继儒《安得长者言》

读书是修身养性第一要事

【原文】

古人有言，扫地焚香，清福已具；其有福者，佐以读书。其无福者，便生他想，旨哉斯言。且从来拂意之事，自不读书者见之，似为我所独遭，极其难堪。不知古人拂意之事，有百倍于此者，特不细心体验耳。……诚一平心静观，则人间拂意之事，可以涣然冰释。若不读书，则见我所遭甚苦，而无穷怨尤嗔忿之心，烧灼不宁，其苦为何如耶？且富盛之事，古人亦有之，炙手可热，转眼皆空。故读书可以增长道心，为颐养第一事也。

——清 · 张英《聪训斋语》

【译文】

古人有这样的话，扫净地，点上香，这已是享清福了；再有书读，那可真是有福之人了。那无福的人，便会胡思乱想，这话说得太对了。况且不顺心的事，在不读书的人看来，总认为只我一个人最倒霉、最难堪。不知道古人所遇到不顺心的事，有百倍于此的，只是不肯用心去体验罢了。……平心静气一想，人间不顺心的事，都可以涣然冰释。如果不读书，则只看见自己最苦，生出无穷怨气，心中一天也无安宁，这是何苦呢？况且富贵兴盛，古人亦一样有的，当年炙手可热，转眼烟飞云散。故而读书可以增长见识，是修身养性的第一件事。

只求留下清白家风

在清朝末年，有一个说法：南林北冯。南林，指的是因虎门销烟而名声大振的林则徐林家。北冯，指的就是山西代县冯家。

据《冯氏族谱》，冯家祖上是明成化年间由山东来到山西代县戍边的军人，自明嘉靖年间出了第一个举人后，冯家便成了中国北方有名的科举世家。到了民国年间，已是没有科举了，冯家怎么办呢？据说民国初年的冯氏后人冯曦（1880~1960年）曾留下话：只求留下道德文章。

先看“文章”。冯家老宅或许赶不上山西的王家大院，但也是规模不小。老宅中有自己的私塾，冯家家族子弟均可在私塾中读书学习。据冯家老辈人讲，自从清朝初年开始，冯家就有个不成文的规定：外出做官的冯家人，必须给私塾捐资。据说，如今的代县文昌庙内，仍有冯家人在办学，督促冯家子弟学习。冯氏后人中，学有专长的教授、学者很多，遍布北京、天津、山西、内蒙古等地。

再说“道德”。冯曦是学水利的，孙中山先生曾鼓励他兴修水利，他来到绥远（今属内蒙古）做官，兴建了当地第一座发电厂、第一座面粉厂、第一座毛纺厂。水利设施虽未修成，但留下了10万字的水利专著。抗日战争爆发，绥远省府南迁时，部下偷偷将两三麻袋银圆放在他车上，被他发现后，全扔了下去。为官一任，两袖清风。

如今，当年显赫的冯家大院已是残破不堪，但表彰冯氏家族的24座牌坊还在，古老的牌坊，耸立在代县这块古老的土地上，向后人述说着一个古老家族的心声：不求出多少达官贵人，不求有多少金银财宝，只求留下道德文章、清白家风……

家训格言

夫有人民而后有夫妇，有夫妇而后有父子，有父子而后有兄弟，一家之亲，此三而已矣。自兹以往，至于九族，皆本于三亲焉，故于人伦为重者也，不可不笃。

兄弟者，分形连气之人也，方其幼也，父母左提右挈，前襟后裾，食则同案，衣则传服，学则连业，游则共方，虽有悖乱之人，不能不相爱也。及其壮也，各妻其妻，各子其子，虽有笃厚之人，不能不少衰也。娣姒之比兄弟，则疏薄矣；今使疏薄之人，而节量亲厚之恩，犹方底而圆盖，必不合矣。惟友悌深至，不为旁人之所移者，免夫！

娣姒者，多争之地也，使骨肉居之，亦不若各归四海，感霜露而相思，伫日月之相望也。况以行路之人，处多争之地，能无间者，鲜矣。所以然者，以其当公务而执私情，处重责而怀薄义也；若能恕己而行，换子而抚，则此患不生矣。

人之事兄，不可同于事父，何怨爱弟不及爱子乎？是反照而不明也。沛国刘琎，尝与兄瓛连栋隔壁，瓛呼之数声不应，良久方答；瓛怪问之，乃曰："向来未着衣帽故也。"以此事兄，可以免矣。

——南北朝·颜之推《颜氏家训》

心心爱民便是行孝

林纾（1852～1924年），清代光绪年间举人，翻译出版了外国小说180余种，是中国文化史上颇有贡献的一位奇人。

林纾60岁时，长子林珪被任命为大城县县令。当时这是一个贫困县，父亲给儿子写了一封情深意长的家信。

林纾写道："我了解你，你倒是不会贪污受贿，但让我不放心的是，你有可能自恃有才，盛气凌人，自以为是。这是绝不能允许的。"林纾再三叮嘱儿子，你现在是一县之令，掌管着一县百姓的生杀予夺大权，若是意气用事，会造成许多冤假错案。林纾还具体告诉儿子，怎么调查民情，怎么用人，怎么与外国传教士打交道。

在信的最后，林纾语重心长地告诉儿子：我们林家，世世代代都是农民，你的曾祖父、祖父，都是人品非常好的淳厚忠信之人。你做官，我无一日安宁，你可一定要保持林家忠厚的家风，谨慎做事，小心做人，做一个心心爱国、爱民的好官，也就是对我行孝了。

林纾告诉儿子，把他的这封家书装裱一下，悬挂在书房。

林家后人回忆说，长辈常告诫他们：人不患一时无食，而患心中无志。有志则不会长居贫地，终会有出人头地之日。做人，要"畏天而循分"！这或许就是书香世家林家的家风吧。

谭家的规矩

喜欢京剧的人都知道梨园世家谭家。谭派是京剧中深受戏迷喜爱的老生唱腔，传承至今，已是七代。谭派第六代传人谭孝曾先生说，谭家至今兴旺不衰，他个人觉得，原因或许就在谭家的规矩上。

谭孝曾先生说，谭家规矩多，礼教严。别说再往上的老辈人了，就是在他小时候 ，家中依然保留着每天早上向长辈请安的规矩。男性晚辈单腿请安，女性晚辈则双腿蹲安，从曾祖父屋开始，再到祖父屋，再到父亲屋。饭桌礼仪也十分讲究。长辈不动筷，晚辈就不能动；不能剩饭，不能掉饭，

不能吧唧嘴，不能露齿；晚辈吃完想离席，则须挨个跟长辈请示，这才能离席走人，不能放下碗筷就走。谭家的女眷，包括保姆，每天早上都得修饰妆容，不能素面朝天，这也是一种礼。

谭孝曾先生说，他从小在这样的家庭环境中长大，如今时代变了，规矩可以简化，但规矩、老礼儿，可不能变。谭孝曾先生说，“孝”在谭家的家风家教里可以说占了首位。现在他们这一辈6个兄弟姐妹各自都有了家庭，无法像过去一样住在同一个大宅子里。但是每到周末，所有兄弟姐妹还是会从北京城的各个角落赶去父亲家吃饭，这已经成了一种习俗，成了谭家“法定”的家族聚会。平常的日子，兄弟几个轮流去陪老父亲，买一碗卤煮，带一些酒菜，陪老人聊聊天。

除了“孝”字，谭家的家风还有一个“善”字。谭孝曾先生讲，当年他的高祖谭鑫培将大多数收入用于慈善事业；他的曾祖父、祖父，在抗美援朝时期参加义演、捐飞机大炮；长江发大水时，谭家祖孙三代参加义演、捐款……

谭孝曾先生感叹地说，“百善孝为先，忠厚传家久。”这或许就是谭家家风的真实写照，是这个近二百年的梨园世家经久不衰的秘密所在。

一门四翰林，书香传百年

南京城东有一条叫“棉鞋营”的小巷，据说是因为明代在此设有制作棉鞋的工坊，故得此名。到了清朝光绪年间，明代的工坊早已不见遗迹，取而代之的，是一座七进的院落。这就是赵公馆。

赵公馆的建造人，也就是赵家老宅的第一代，叫赵继元（1828～1897年），进士。据史载，赵继元往上，祖父赵文楷、父亲赵畇，他本人及他的长子，都是翰林出身。人们称赞说，真是“一门四翰林，书香传百年”。在中国历史上，祖、父、本人和儿子4代直系都是翰林出身的，可不多见。

赵文楷12岁失父，刻苦学习考中进士，48岁时即去世。他没有给家人留下多少家产，只是亲笔所写的一副对联传了下来。上联是：静以修身，俭以养德；下联是：交不忘旧，言不崇华。这样的人家家教是很好的。赵文楷之子赵畇，实际是遗腹子，与母亲相依为命，道光二十一年（1841年）也考中进士，后与李鸿章一起办团练，办“夷务”。他的女儿，后来就嫁给了李鸿章。

赵家后人中最著名的，是已故中国佛教协会会长赵朴初先生。他系赵文楷的5世孙，恪守家训，从不因自己有了一定的身份地位就轻慢长辈、朋友。据赵家后人介绍，赵朴初每赴南京，必到棉鞋营赵公馆探望长辈。一次去见伯父、伯母时，长辈正在午休，赵朴初就毕恭毕敬地侍立一旁，直到长辈醒来才上前问候。

愚园的故事

南京市老城中，有一座始建于晚清的私家花园，主人姓胡，百姓即称之为“胡家花园”。其实这座花园的正式名称，叫作“愚园”，取“大巧若拙，大智若愚”之意。

胡家“愚园”的愚，首先表现在重视教育。胡家祖上是经营皇宫织锦贡品生意的，还有着苏州候补知府的官衔，家里有钱有势，不用学习，也不愁吃穿。但胡家却极其重视教育。不去挣钱，不去钻营，一心只读圣贤书，这在外人看来，是有关系不用的“愚人”。胡家却宁愿当这样的愚人。胡家后人胡光国曾记载父亲平素教导他的话：“心中须存有一种生气，虽困穷不改其念，天必福之。”这“生气”由何而来，则由读书、行善而来。

说起行善，胡家还是徐州近代煤矿的创始人。1882年，在左宗棠支持下，徐州利国矿务局成立，胡恩燮任总办，胡光国任提调，“仿效西法，集资采炼”“不请官本，一律由商集股办理”。建立起徐州第一个现代化的铁、煤矿企业。1887年，胡恩燮因身体原因离开煤矿，回乡养病。此后，儿子胡光国既主持矿事，又兼办江宁普育堂及两淮盐务。胡光国热衷慈善事业，开垦荒地，所获钱财用作补充善堂经费。他还积极兴办崇义文塾，邀请名师开设文课，每月举办考试，分等奖给，以培养孤贫子弟。此外，每年腊八节时，胡氏族人都会在大门外施粥。

抗日战争期间，愚园被日寇毁坏，胡家男主人病逝，只留下三代女眷五人，生活几乎陷入绝境。愚园虽然被毁，但它蕴含的愚、孝、善、雅等文化基因都是毁不了的。

2016年5月1日，愚园在历经5年复建后，正式对外开放，成为南京老城中的新地标景点。而愚园曾经的主人“淡泊素雅、尽孝行善”的家族往事，更让这座江南名园平添了几分深厚的人文底蕴。

家训格言

学者心之白日也，不知好学，即好仁、好知、好信、好直、好勇、好刚，亦皆有敝也，况于他好乎？做到老，学到老，此心自光明正大，过人远矣。世间极占地位的是读书一著，然读书占地位，在人品上，不在势位上。

——明·姚舜牧《药言》

不图虚名的刘家家风

南京市秦淮区殷高巷14号，是一座占地3000平方米的宅园，如今已是江苏省文物保护单位。据说这里原为明代开国将领胡大海（？～1362年）的住处，清光绪年间，为李鸿章幕僚刘芝田购得。这里遂成为刘家老宅。

刘家的家风，可以用8个字来概括，那就是“奋发努力、不图虚名”。刘芝田自幼刻苦学习，但当两次科举失败后，即转而设馆教书，并积极寻求机会，终于借李鸿章幕僚的身份一展才华。他在文教、赈灾、筹款、司法、吏治、防务等方面均有建树，是个埋头做实事的官员。他还曾任清政府驻英、俄、法、意、比诸国公使，是中国第一批开眼看世界的人之一。

刘家后人中，第一个出名的是刘芝田的堂侄刘含芳，甲午战争时，他驻守烟台，在墙壁上写下“地存臣存，地亡臣亡；夫妇殉节，忠义成双”16个大字，誓与城池共存亡。后来人们都说，如果出海的都像邓世昌，守城的都像刘含芳，这仗怎么会输？

刘家子孙中第二个出名的是刘世珩，他是清朝末年著名的藏书家、刻书家，为保存和传承祖国的文化遗产，做了许多有益的事情。

据刘氏后人说：“我们刘家的子孙，个个都读书识字，涵养很好，说话都是轻声慢语，文质彬彬，而且都很有出息。”刘家历经百年而不衰，这都是受刘家良好的家风影响啊！

依道而行，不可放纵

【原文】

或谓人依道理行，多不乐。故不肯收敛入来，放旷不守法度。却乐多，只于那壁去了。以故为学近理者少，而多喜于自恣，放言自适。如李太白诸诗豪皆是也。此何故？曰：天下只问是与不是，休问乐与不乐。若分明知得这壁是，那壁不是，虽乐亦不从也。

——元·许衡《许鲁斋语录》

【译文】

有人说，人要是讲道理，讲道德，大多活得很累。故而都不肯本本分分做人，愿意放荡不羁，不守法度，觉得这样乐趣多，就一味走下去了。由于这个缘故，如今真正做学问、明白事理的人少了，而多喜欢自寻其乐，大言不惭以寻求解脱，像唐代李白等诸位大诗人那样。这是什么缘故？我以为，天下的事，只应问是还是不是，不要问乐还是不乐。如果已很清楚地知道这么做是对，那么做不对，那么，不对的事就是有乐趣也不应做。

清白做人，自强不息

在今南京市老城的西南角，原本有座修竹万竿的万竹园。这就是与民族英雄林则徐一同禁烟的邓廷桢（1776～1846年）的出生地。据说，邓家自清朝初年就已定居在此，传承上百年，也算是当地数得着的名门大户了。

虽然邓家老宅今已不存，但邓家家风却一代又一代地传承了下来。邓廷桢曾任过两广总督，那是一品大员了。他为家人留下一副对联：清白做人，自强不息。这也正是邓廷桢一生的追求，也正是邓家提倡的家风。

邓家世代流传的一个故事，说是邓廷桢发现一个孙子吸食鸦片，十分震怒，在万竹园中的祠堂召开族人大会，大义灭亲。邓家子孙牢记祖训，代有英才出世。

邓家后人邓嘉缜，深谙祖训要义，据史载，他常对儿孙讲：士患不独立。意思是说，一个读书人，就怕不能独立、自立。

邓嘉缜之子邓之诚（1887～1960年），是著名的历史学家，曾被日军囚禁100多天，仍坚守清白家风，不为日伪做事。从事教育工作50年，为国家培养了一大批人才。

“清白做人，自强不息”的家风，虽历经百余年岁月洗礼，仍历久弥新，永远为邓家人谨记践行。

遗子以经不以金

南京市老城南，有一座修建于光绪三年（1877年）的秦淮民居。这座民居的主人，是清代富商、回族慈善家蒋春华（1827～1897年）。

据史载，蒋家是从安徽含山县迁徙来的，原来也不是很富有，到了蒋春华、蒋春源兄弟这一代，才以贩盐起家。日后逐渐扩张至地产、典当业、皮货业、珠宝行、酱料坊等多个行业，成为南京有名的富商，人称“蒋百万”。

蒋家以“公益为人生分内事”“遗子以经不以金”为家训，形成“安本分学吃亏”“君子当自强不息”的家风。1897年，即蒋春华七十大寿那年，亲朋好友本来打算大办，但蒋春华却说：“与其滥资宴客，何如移拯贫困。”当地的百姓都十分感谢他，把蒋宅门前的巷子称作“积善里”。

蒋春华的5个儿子，个个都秉承乃父的教诲。长子曾出钱修建了一条排水沟，解决了城南的水患问题。次子因病早卒，其妻马氏立志抚孤，两个儿子即蒋春华的孙子蒋国榜、蒋国平学问都很好，蒋国榜还专门写了《母氏节孝坊后记》一文，缅怀母亲的养育之恩。三子尽其所有，捐建了一所中学，为社会输送了大量人才。四子出资修复寺院，出资办孤儿院、办粥厂等。五子自幼跟随父亲去上海经商，捐资教育。淞沪抗战期间，赶制大量丝绵背心，送至前线。蒋春华之弟蒋春源的孙子蒋国粹更是在押送装满弹药的卡车前往前线时，遭敌机轰炸，壮烈殉国。

蒋家如今已传至第5代，遵循“遗子以经不以金”的祖训，蒋家第4代中，有中国科学院院士、有机化学专家蒋锡夔；第5代中，有1999年当选为中国科学院院士的蒋有绪等。蒋有绪先生说，父亲的勤恳本分，母亲的慈祥善良，兄长们的刻苦上进，姐姐们的体谅敬业，都深深地影响了他的成长，他的品质。

家训格言

人言居家久和者，本于能忍。然知忍而不知处忍之道，其失尤多。盖忍或有藏蓄之意。人之犯我，藏蓄而不发，不过一再而已。积之既多，其发也，如洪流之决，不可遏矣。不若随而解之，不置胸次。曰：此其不思尔。曰：此其无知尔。曰：此其失误尔。曰：此其所见者小尔。曰：此其利害宁几何。不使之入于吾心，虽日犯我者十数，亦不至形于言而见于色，然后见忍之功效为甚大，此所谓善处忍者。

——宋·袁采《袁氏世范》

《商业十要》

一看《商业十要》这书名，就知道是本“经商入门”一类的商业书籍。可翻开书一看，这“十要”第一条竟是“正己”，第二条是“择友”，第三条是“留心”，第四条是“勤”，第五条是“慎”……与其说是“商业十要”，倒不如说是“做人十要”。

这部充满中国特色的《商业十要》是清代中期宁波商人姚继禄写的。姚继禄又是何许人呢？就是近年获得诺贝尔生理学或医学奖的屠呦呦母亲的祖上。

浙江鄞县姚氏家族，是当地有名的儒商世家，族中也有人中过举，但主要还是经商，谈不上是科举世家。不过，这个家族很重视经商的“理论研究”和经验总结，出过《商业十要》，后来还出了一本《初学经营宝训》，这两部书，当地商人几乎人手一册，影响不小。姚家“朴实勤谨，有古君子风”的家风，使得姚家很容易得到商户的信任，生意越做越大。有了经济基础，姚家子孙纷纷走出国门，又弃商从文了。比如姚积坤，是屠呦呦的舅舅，1929年从复旦大学毕业后赴法留学，回国后在上海复旦大学等几所高校教书，讲授金融、经济等。

屠呦呦从11～21岁这人生关键的10年，就一直住在舅舅家。姚家雄厚的实力，保障她从私立效实中学转入宁波中学，顺利完成了中学学业。姚家那种朴实、勤劳、进取、互助而又注重实际的家风，更是给予了她一生的影响。

“一诚包万有”

坐落于河南安阳的马氏庄园，被世人誉为“中原第一官宅”。这一宏大的晚清庄园，共有厅、堂、楼、阁401间房，1902年，慈禧太后和光绪皇帝从西安返回京城时，曾在此住过。袁世凯曾多次来此造访。1947年，刘邓大军千里挺进大别山前夕，曾在此召开过鲁西南作战会议。

马氏庄园的主人，是晚清广东巡抚马丕瑶。当地人说，马家人不仅官不小，而且家教好，孩子个个有出息。长子马吉森，经营实业；次子马吉樟，进士，也官至湖北按察使，并在北洋政府任过秘书；女儿马青霞，曾东渡日本留学，参加中国同盟会，追随孙中山先生从事革命，表示愿捐出全部财产修铁路。孙中山先生曾书写“天下为公”“巾帼英雄”条幅相赠。鲁迅先生也曾以“才貌双全”条幅相赠。民国时，有“南秋瑾，北青霞”的美誉。

马家的第三代也颇有人杰。例如马载之，留美归国，是我国工矿学泰斗。

马家之所以人才辈出，人们说，秘诀就在这马氏庄园里。原来，在马氏庄园中路第二重门内，有一座四扇屏门，上面镌刻着马吉樟书写的马家家训。其实，马家家训，说的仍是正人先正己、正己先正心的道理。教子两字“诚”与“敬”，为官心系国与民。马家后人认为，马家的成功之处在于，子孙真的是照着祖训去做。例如马吉森，一生信服“一敬胜百邪，一诚包万有”。以敬待人，以诚处世，一年又一年，一辈又一辈，在诚实、敬畏的家风熏陶下，怎么会不出现忠臣、孝子？

功名富贵置诸度外

江苏省扬州市徐凝门街66号，有一座占地1.4万平方米的清代园林，名叫“何园”。园中号称有4个“天下第一”：天下第一廊，分上下两层，或直或曲，长达1500米，而颐和园的长廊，也不过才728米长；天下第一窗，复道回廊的花窗，造型别致，步移景异；天下第一亭，水心亭是我国现存仅有的一座水上戏台；天下第一山，园东南的片石山房，据传为扬州八怪之一石涛设计，“山”内藏有石屋两间，十分罕见。

何园的主人，叫何芷舠（1835～1909年），其祖上三四代均为清代重臣，他本人曾任江汉关监督、清驻法公使，家境殷实，为人比较开明。何园中，就有不少西方设计，西式家具。

何家十分务实。何家祖上传下的家训中对当时一些士大夫“凡读书不遂，即鄙农工商贾之事而不屑为”提出批评，认为读书不行，又不愿干实事是不好的，而子孙要读书，就要学真本事，就要真的由读书变化气质。所以何家家训上说：读书，要“将功名富贵四字置诸度外，只将孝弟忠信四字时时存省”。读圣贤书，要学会反省，“此一句正中我之病根，我当即为拔出，不使蔓延滋长”，如此读书“纵不能建功业于天下，亦可以自善于一身”。

秉承传家既开明又务实的家风，何氏子孙既有深厚的传统文化功底，又以开放的心态学习西方先进文化。

“思夏堂”的故事

对隔辈带孩子，如今人们多有批评，认为老人会娇惯孩子，对孩子成长不利。可也有那么一位老人，她的3个孙儿，个个成才，人人名家。这三兄弟，老大叫刘半农（1891～1934年），听过《叫我如何不想她》这首歌吧，歌词就是根据他的诗改编的。甚至“她”这个汉字，也是他首创的。老二叫刘天华，听过《良宵》《烛影摇红》等二胡名曲吧，那就是他的创作。老三叫刘北茂，也是一位著名的二胡演奏家、教育家。这3个开中国文化风气之先的优秀孩子，是在什么样的家族成长起来的呢？

追根溯源，出乎人们意料的是，尽管刘家祖上也是读书人，可绝对不算是什么名门望族。相反，兄弟三人的祖父英年早逝，祖母夏氏膝下无儿，后来从本家过继了一个儿子，又捡来一个被人遗弃的女婴，这就是他们的父母。夏氏出身书香门第，尽管家中破落了，只能靠出租房子为生，但丝毫不放松对孩子的教育。夏氏几经考察，终于将房子租给一个办私塾的读书人。儿子从小跟着先生读书，26岁时考中了秀才，一时贺客盈门，夏氏感慨万千地说：“我希望的是患难时的帮助，而不是成功后的恭维。”并教育儿孙：“今后要做雪中送炭的人，切勿做锦上添花的人。”可以说，刘家的家风，正是夏氏开创的。可惜的是，她没有看到她的三个孙儿日后竟那么有出息。三个孙儿成名后，十分思念祖母，便将家中老宅中最大的客厅，命名为“思夏堂”。

刘氏三兄弟的后代，均十分出色。如今，一说起这个对中国文化做出卓越贡献的家族的家风，人们都不由会想起端坐在“思夏堂”中那位信佛的老太太：宽厚、善良，而又韧劲、有见识。

家训格言

父母见诸子中有独贫者，往往念之。常加怜恤，饮食衣服之分或有所偏私，子之富者，或有所献，则转以与之。此乃父母均一之心。而子之富者或以为怨，此贻未之思也，若使我贫，父母亦移此心于我矣。

——宋·袁采《袁氏世范》

“读书非求荣，只以重后代”

中国传统的名门望族，都是读书人家。而无锡的薛氏家族，虽说同样是书香门第，但这书读得又有其独到之处。

无锡薛家祖上清代康熙年间，迁至无锡，此后科举时代，科甲蝉联。晚清时著名思想家、外交家薛福成（1838～1894年），就是薛氏后人。他可是中国最早出国门、开眼看世界的那批人中的一员。

薛家读书，注重实学。早在科举还未废除前，薛家子弟，已是既学中国的传统文化，也学西方的数学、物理。也难怪这个家族后来出了许多实业家，开办了不少近代企业。薛氏子孙，早在民国初年便纷纷走出国门，去外国学习经世实用之学。

薛家读书，注重子女的教育。早在清光绪十七年（1891年），薛福成就提出：薛氏家族“凡男女七八岁以上不入学堂者，罪其父母。男固无人不学，女亦无人不学。”薛福成的几个孙女均受过良好教育。

薛家读书，注重遗传。薛家娶亲，一定要娶书香门第女子。薛福成的曾祖母许氏，就出自书香世家。当时薛家还是比较贫寒的，而许氏就坚持薛家一定要与读书人家贤淑之女结亲，这样生出来的下一代，才有可能是所谓“读书种子”。许氏有言：“不羡门第贵，不取服用奢，但得贤淑女，读书种子夸。”

薛福成的祖父薛锦堂给后代留下一句话：“读书非求荣，只以重后代。”薛家读书，不是为了求什么荣华富贵，而是为了子孙后代生活得更好！薛家家传的《庄语云》上说："天下事，利害常相伴，惟读书则有利而无害。不问贵贱、老幼、贫富，读一卷便有一卷定门，读一日便受一日之益。"薛家读书、上进的家风，不仅为薛家子孙传承着，也为今天千百万人带来启迪。

家训格言

子弟三十以前，心志血气未有所定，虽贫且贱，不可辄离师傅。贤智者可使义理日进，愚不肖者可使非慝日远，全身保世，无出于此。师必择其刚毅正直，老成有德业者，事之终身。

——清·张履祥《杨园先生全集》

“友恭堂”

如果你去南京旅游，或许当地朋友会推荐你去南京市民俗博物馆游玩。这所博物馆所在的大宅院，就是南京望族甘家的老宅。

甘家祖上，据说可追溯至战国时期秦国丞相甘茂、三国时东吴大将甘宁。明朝末年，甘氏一族迁入南京城内，至乾隆、嘉庆年间，家业已兴旺起来。嘉庆四年（1799年）迁入上面提到的老宅。

老宅中最壮观的建筑，就是“友恭堂”。“友恭”二字，取自“兄而友，弟则恭”。据甘氏后人讲，堂内高悬“友恭堂”匾额和“孝义传家政，诗书裕后昆”的堂联。“友恭”二字，既是甘家族人议事的堂名，更是甘氏家族历代遵循的家训。甘家后人讲，当年家中所用碗盏，上面都有“友恭堂置”四字。

在“友恭”的家风感召下，甘氏家族子孙学有所长，家风儒雅。甘国栋、甘福、甘熙祖孙三代，均为藏书家。到了民国年间，甘福的曾孙甘仲琴，曾任南京总商会会长，拒绝出任伪职，举家逃亡，最后竟病死他乡。这一辈子孙中，还有一位甘贡三先生，精通音律，尤擅吹笛，人称“江南笛王”。他的次子甘涛，继承了家学，是享誉海内外的一代民族音乐宗师。著名的二胡演奏家闵惠芬，就曾跟随他学习过。

如今，甘氏后人已遍布海内外，但逢年过节，众多宗亲仍要从四面八方回到友恭堂，缅怀前辈厚德积善、兄友弟恭的美德，并相互勉励着，把甘家儒雅、忠厚的家风代代传承下去。

“四勿祠”

说起浙江省余姚的蒋氏家族，那可是一个历史悠久的家族。据说蒋家的始祖，是周公的第三个儿子，被封在黄河下游一个叫“蒋”的小地方，以后便以蒋为姓。

最正宗的蒋氏家族，还是住在浙江省余姚蒋村的这一支。晚清的时候，村里还有一个蒋氏家庙，庙里供奉着蒋氏家族的祖先。这座家庙，叫作“四勿祠”，而不是如同其他家族的家庙以姓氏为家庙名。

那么，“四勿”是什么意思呢?

原来，“四勿”语出《论语》：非礼勿视，非礼勿听，非礼勿言，非礼勿动。

到了宋代，蒋家出了一位做过御史的祖先，名叫蒋岘，他十分信奉祖先所说的“四勿”。他把“四勿”加以具体化，即勿欺心，勿负主，勿求田，勿问舍。

一代又一代的蒋家子孙，就是在这种“四勿”的家风中繁衍生息。

近代著名的人物蒋梦麟（1886～1964年），是我国近代著名的教育家、政治家。他说“童年时代和青春时代的可塑性最大，因而家庭影响往往有决定性的作用”，“大致说来，我所受到的家庭影响是良好而且健全的”。

蒋梦麟回忆，祖父一生省吃俭用，给家人留下了7000两白银的遗产，父亲忠厚慷慨，“从来没有说过一句存心骗人的话，因此与他交往的人全都相信他的话”。蒋梦麟说，他平生做事全凭“三子”：以孔子做人，以老子处世，以“鬼子”办事。所谓鬼子者，是指用“洋鬼子”的科学务实精神来办事。这“三子”，都深受其父的影响。

成功立业的四戒四宜

【原文】

父母同负教育子女之责任。今我旅居京华，义方之教，责在尔躬。而妇女心性，偏爱者多，殊不知爱之不以其道，反足以害之焉。其道维何？约言之有四戒四宜：一戒宴起；二戒懒惰；三戒奢华；四戒骄傲。既守四戒，又必规以四宜：一宜勤读；二宜敬师；三宜爱众；四宜慎食。以上八则，为教子之金科玉律，尔宜铭诸肺腑，时时以之教悔三子，虽仅十六字，浑括无穷，尔宜细细领会。

——清·纪晓岚《寄内》

【译文】

父亲与母亲都担负着教育子女的责任。如今我客居京城，好好教育子女的责任就都放在你身上了。女人的心性容易溺爱子女，殊不知不以正确的方法爱护子女，反倒足以害了他们呀。那么正确教育子女的方法是什么呢？简单地说有四条禁止做的和四条应该做的：第一是禁止晚起；第二是禁止懒惰；第三是禁止奢华；第四是禁止骄傲自满。既要禁止这四种行为，又必须提倡以下四条应该做的：第一是勤奋读书；第二是尊敬老师；第三是友爱他人；第四是饮食一定要慎重。以上八条，是教育孩子的正确准则，你要铭记在心，时时刻刻用它教育三个孩子，虽然仅仅16个字，但它包含着无穷的道理，你可以慢慢体味。

董家的五块匾

说起河南省濮阳县五星乡后坡村董家，十里八方的百姓都会竖起大拇指说：那可是个好人家！

董家的曾祖父，在清朝末年的时候，赶上大灾，主动拿出家产救济乡亲们，每户一斗八升。说起来并不多，也就是几十斤粮食，可那真是救命粮啊！1945年曾祖父病故时，十里八乡的百姓自发地前来送丧，长长的送丧队伍中，有的人抬着百姓自发送来的大匾，上头写着“恭敬廉明”“德仰一乡”。

到了祖父这辈，1938年，先涝后旱，再加上蝗虫肆虐，乡亲们真的是又活不下去了。祖父硬是把全部积蓄都拿了出来，救济乡邻。1960～1970年，祖父、祖母相继去世。那会儿已不时兴送匾了，可乡亲们为了表达对两位老人的感恩之情，仍然偷偷送了两块匾来。没地方制作木匾，就送来布匾，用今天的话说，就是锦旗。

再传到父亲这辈，依然是恪守着祖辈积德行善的家风。伯父苦心钻研医学，成了当地小有名气的中医，治愈了很多病人，在当地口碑极佳。

董家传到第4代董效勤，他受家风影响，也跟着伯父学习中医，如今也成为当地治疗皮肤病的一双妙手。他说：祖训、祖德永志难忘；家风、家教历历在目。

董家后人相互叮嘱道：“什么时候，也别忘了董家祖上留下的五块匾，祖上为咱挣得的好名声，可不能在咱们这辈人手里给丢了啊！”

“图一文钱，一文不值”

山东寿张县曹岭村（今属河南濮阳）张家，是一个十里八乡有名的清白人家。这家的家训是：图一文钱，一文不值；立万年业，万世流芳。

张家最有名的人物，就是张瑞萱（1880～1928年）。张瑞萱少年时家境贫寒，刻苦自立。1904年考入山东法政高等学堂，1907年加入中国同盟会，1913年中华民国第一届国会竞选，即当选为众议会议员。他后来担任了几任有实权的官职，但家里仍然是一贫如洗。不要说外人不理解，就是儿子张其绪都感到奇怪，曾问过母亲：“为什么我们同学家，就是个普普通通的务农家庭，家境都比咱们家好？咱们家一说起来父亲是当官之人，可为什么家境还不如人家？”母亲听了，独自落泪。父亲张瑞萱听了，呵呵一笑，对儿子说：“咱们张家的家风，就是不图钱，要干利国利民的大事。”

1928年，张瑞萱被人暗杀。这时张其绪已考入复旦大学，是父亲的朋友集资，支持他读完了大学。他秉承父亲的遗教，不图钱财，积极投身革命。大学毕业后，因父亲生前好友推荐，给当时的山东省主席韩复榘当秘书，在那个位置，要想捞钱可是太容易了，但张其绪牢记父亲的教诲，绝不贪一文钱，始终两袖清白风。

“水牌子掌柜”和掌实权的管家

说起晚清年间天津卫赫赫有名的隆顺、隆聚两家老字号货栈，如今知道的人恐怕不多了。但提到中国生产的第一副中药片剂——银翘解毒片、第一副中成药酊剂——藿香正气水，知道的人恐怕就多了。而这几味药，正是隆顺榕成记药庄生产的。

经营隆顺、隆聚两家货栈的卞家，家风讲究兢兢业业，事必躬亲。家里都很有钱了，本家子弟到了店里，仍要在父兄的严格督率下，从扛布干起。扛抬搭挪，干得一点不比雇工少。要知道，当时一件布匹，重约二百斤，这么干半天，棒小伙子也累得受不了。卞家当然不是出不起这点工钱，而是为了让子孙后辈从中明白经营的艰难，避免滋长怠惰骄奢的不良习气。

业务发展了，卞家也要聘用经理，但经理并不掌实权，当时人称“水牌子掌柜”。所谓“水牌子”，就是过去商家的记事板，上头记下要办的事项。说白了，经理就是个办事的，决策权仍牢牢掌握在卞家人手中。

经营权不交于外人，但家中琐事的实权，却交给了管家，予以充分信任，家族中各房的零用钱，日常用品如灯油、肥皂、针线、纸张等，均要找管家领取。而卞家的老管家，对家中的少主人、少夫人也十分严格，勤俭的家风由此得以维持。

卞家谨慎勤俭的家风反映在经营上，就是两条：一是从不从银号贷款，进货款项均靠自家逐渐积累；二是从不羡慕他人亟图暴利，卞家祖训：不得经营盐务和钱业。因为这些行当利润虽厚，但不勾结官家，实难做成。日久必然积弊从深，风险日大。卞家人从不去碰这些行当，而是经营日用品、中药材等普通生意，利润虽薄，但本钱量大，算下来其实挣得也不少，用卞家人的话讲，就是“利微坐大，本大利宽”。

卞家经营的隆顺榕成记药庄后来公私合营，并入天津中药制药厂，2003年，天津中药制药厂又将厂名及商标更名为“隆顺榕”，卞家的老字号，又喜迎新的发展生机。

家训格言

凡与人田产钱财交涉者，定要随时讨个决绝。拖延生事。

——明·温璜《温氏母训》

“做人当如叶澄衷”

晚清时宁波商帮，是名声远扬的一大商帮。帮里有句话，叫作“做人当如叶澄衷”。这个叶澄衷又是何许人也，为何会受到如此推崇呢？

叶澄衷（1840～1899年），浙江慈溪人。据说也是出于名门之后，是宋代名臣叶梦得的后裔。不过，到了清朝中期，叶家已是败落了。叶澄衷幼年丧父，家贫辍学。14岁就到上海杂货店当店员自食其力，17岁就驾着小舢板往来于黄浦江上，与外国轮船上的水手做生意，一来二去，粗识英文，也交了些外国朋友，22岁即经营美孚石油，数年遂成巨富，又经营房地产、金融业、实业、运输业，拥有资本，据说相当于当时清政府年收入的十分之一。

叶澄衷热衷公益事业，被称为“首善之商”。他念及自己自幼失学，特别重视办学。他捐钱捐地办的“澄衷蒙学堂”是我国第一所私立新式学校，第一任校长是蔡元培，第一批学生有胡适、竺可桢。今日的镇海长兴中学前身，是叶氏中兴中学，也是他办的。包玉刚、邵逸夫等，都曾是这所学校的学生。

叶澄衷有个儿子叫叶子衡，学医出身。后来，他的导师、著名医生颜福庆先生说起上海应该有个专门收治肺结核病人的地方。叶子衡毫不犹豫地把叶家花巨资修建的叶家花园捐了出去，颜福庆很是过意不去，也怕别的叶家亲友反对。叶子衡说：放心吧，叶家于己，是读书上进；于人，是行善乐施。这是家风，没人反对。

如今，叶氏后人，有的在银行工作，有的在农场工作，有的是工厂技师，均是清清白白，靠自己的劳动吃饭。

技艺易学，人品难得

说起当代著名书法家刘一闻，那可真是名门之后。他的外祖父，就是民国年间著名文物学家、版本学家王献唐（1896~1960年）先生。在抗日战争期间，王献唐先生可是舍出身家性命，才保住了山东文献的精华。

1960年，王献唐先生去世时，刘一闻才上小学。刘一闻说，家里的长辈会说起外祖父的学问与为人，长大后我自己会看他留下的书信、文献。觉得他对我最大的影响，还是人品。“认真为学，坦诚为人”是外祖父常说的话。刘一闻说，外祖父为人坦诚，哪怕是马路边一个卖烧饼的人，都会平等相待。

说起书法，父母和舅舅都非常支持刘一闻学书法。舅舅会带些珍贵的印谱给他看。父母更是从牙缝里挤出钱给儿子买好一点的笔和墨。如今，已成为著名书法家的刘一闻回顾起几十年的学习经历，十分感叹地说：“人品一定是与作品有关联的。技艺是容易达到的，练十遍不够，就二十遍，二十遍不够，五十遍、一百遍，总能做到。但最难的还是人品。要做个好人，做个品德高尚的人，是很不容易的。”他认为，人品上不去，作品最终也上不去。

刘一闻先生有一幅字：“责己之心责人，爱己之心爱人。”这是他一生研习书法的感悟，更是他自王家家风中所传承的精华！

开卷有益

【原文】

训曰：古圣人所道之言即经，所行之事即史。开卷即有益于身。尔等平日诵读及教子弟，惟以经史为要。夫吟诗作赋，虽文人之事，然熟读经史，自然次第能之。

——清·康熙《庭训格言》

【译文】

古代的圣贤，他们说的话就是经典，他们做的事就是历史。所以，只要打开古代先贤的典籍，就会有益于自身。你们平日里诵经读书，以及教导子弟，应该以经、史作为主要内容。吟诗作赋，虽说是文人学士擅长的事情，但你们平时只要熟读经史，自然也能慢慢做到。

查济民先生的“加减乘除”

依照海宁查家家缮中“济美忠良”的排序，香港实业家查济民（1914～2007年）先生，应该比金庸（查良镛）先生大三辈。当然，其实岁数没有差那么多，只是辈分大。

查济民先生在香港创立了香港查氏集团，经营编织业、房地产业。改革开放以来，已数不清为祖国和家乡捐了多少钱了。他捐出100万元人民币，为家乡的中学盖了图书馆；捐出40万元人民币，为家乡的小学盖了教学楼。又捐出了3000万元港币，设立桑麻基金会，专门奖励为国家编织事业做出贡献的人才；再捐出2000万美元，设立科技基金会，奖励科技人才……

查济民先生捐钱十分舍得，可在生活上似乎又很“小气”。20世纪90年代在北京开会时，查济民先生和夫人、儿媳打一公里1.2元的“面的”去五星级的港澳中心开会，也舍不得打1.6元一公里的夏利。吃完饭，只要有剩饭剩菜，都很自然地吩咐说一定要打包带回家。有谁会相信，这是一位亿万富翁呢！

其实，如果读一读《查氏守缮》中那些查氏祖先的家训，就会知道查济民先生的所作所为，实在是受家风影响。

——我今年老，戒尔诸孙，凡为童稚，读书为丰；勤俭为先，兼知礼仪；及其成人，五常莫废。

——小物克勤，斯善成者也。

——我要便宜，他人也要便宜；我怕吃亏，他人也怕吃亏。件件事自己料理过，还要替人设身处地一想。

……

查济民先生的名言，也被作为家训收录进去。毕竟他的言行，是与查家家风一脉相承的。查济民先生说：

加法用在工作上，
减法用在报酬上，
乘法用在企业效益上，
除法用在荣誉头衔上。

家训格言

以孝悌为本，以忠信为主，以廉洁为先，以诚实为要，以勤劳为本。临事让人一步，自有余地；临财放宽一分，自有余味。

——明·高攀龙《高氏家训》

三代文物守护人

南京是文化名城，文物不少。南京城里有这么一个汪姓人家，祖父汪麟书、父亲汪寿椿，儿子汪桔生，祖孙三代均从事文物修复工作。这项工作可不简单，追求的最高境界是“重新赋予文物生命”，不得有丝毫马虎和懈怠。汪家为此立了一条规矩：凡从自己手上修复出来的东西，工艺水准必须高于同行标准，要让鉴赏者找不到修复过的痕迹。这个文物修复世家，又在世代相承的技艺之外，沉淀下怎样的思考，怎样的家风呢？

据汪家后人介绍，汪家祖上是读书人。先祖汪宋和，是清嘉庆元年（1796年）的榜眼，一直做到工部尚书，逝后追赠太子太保。汪家后人很以祖先为傲，不是因为祖先官阶高，而是因为祖先为人正派、为官清廉。

到了民国年间，汪家开始经营古玩生意，兼营文物修复。汪寿椿（1908～1985年）曾成功地修复一件碎成260多块的东晋时期的玻璃杯。汪寿椿、汪桔生父子还合作修复了后被定为国家一级文物的南朝青瓷莲花尊。

生于1960年的汪桔生称，承袭祖传技艺，并没有讨巧的捷径可走，要勤学苦练、积累经验，但汪家老辈人更看重的，是要学会如何做人：家规中的“本分做人”，即是要求子孙恪守孝道、修身感恩、团结互助。待人接物务必诚实本分、言行一致，不能将祖传技艺视为绝招拿别人一把，须有合作精神。

家规中的“勤恳做事”是汪家非常看重的精神传承，要求子孙恪守职业操守，珍惜个人声誉，以虔诚之心来钻研每一件有待修复的文物的历史，做到胸有成竹。还要有耐心，有时一件文物的修复，要费时一年多。

汪桔生说：“祖辈的‘八字箴言’言简意赅，却令我终生难忘，受益匪浅。仔细想来，如何做人做事尽在其中矣。”可以期盼，这一大国工匠的技艺与家风必将继续传承下去。

家训格言

学业才识，不日进，则日退，须随时随事留心着力为要。事无大小，均有一定当然之理，即事穷理，何处非学？昔人云：“此心如水，不流即腐。”张乖崖亦云：“人当随时用智。”此为无所用心一辈人说法。果能日日留心，则一日有一日之长进；事事留心，则一事有一事之长进。由此而日积月累，何患学业才识之不能及人也？

——清·李鸿章《寄四弟》

厚道的穆家茶庄

过去一说起天津卫的正兴德茶行，就如同今天的北京张一元茶店一样，谁人不知，谁人不晓。正兴德的“绿竹”牌茶叶，早在1928年天津市第一次国货展上，就得了优等奖奖章。1934年，又参加了美国芝加哥百年竞进展览会，载誉而归，成了海内外闻名的品牌。

正兴德茶庄的生意蒸蒸日上，离不开穆家厚道的家风。甚至可以说，正是穆家厚道的家风这一无形资产，才使得正兴德茶庄的有形资产越来越多。

“正兴德”的厚道，首先表现在对顾客厚道。“货商秤足，薄利广销”，那是写入正兴德的经营总方针里的。当时，“正兴德”卖的茶叶，最贵的红茶、龙井、普洱、乌龙等，面对的顾客是官绅富商，利润在100%以上；中档茶叶，利润在20%～30%；普通茶叶，只卖一元，甚至几角一斤，什利在10%～20%，始终坚持比别的茶庄价低，但质量又要好，顾客都觉得正兴德茶行待人厚道，所以回头客多。

“正兴德”的厚道，还表现在对客户厚道。有一年，北京的徽商汪正大茶庄从福建窨制了大批茉莉小叶，北运时遭受水渗，无法出手，求告无门，找到正兴德门下。正兴德查验了这批茶叶，认为去除残品，尚有利可图，便应承代销，不料一试销还颇受欢迎。从此汪正大茶庄便每年专门给正兴德供货。“正德兴”平时对于欠款的代销店，也多以“照顾同行”的名义，不催不索，且允许旧欠接新欠。因此，业内的店铺都愿意销售正兴德的茶叶，华北、东北、西北的代销店，多达800家。

商家本就是顾客和客户之间的桥梁，穆家秉承待人宽厚的家风，待顾客厚道，待客户厚道，生意自然差不了。据记载，20世纪30年代，“正兴德”雇用人员多达500多人，仅在天津市的三家店面一天的营业额就高达500银圆，节日更是高达一二万元。正兴德成了中国北方雄霸一方的茶叶庄。

家训格言

起非分之思，开无谓之口，行无益之事，不如其已……可爱之物，勿以求人；易犯之愆，勿以禁人；难行之事，勿以令人。

——明·袁衷《庭帏杂录》

一口盛满宝物的大缸

上海苏州河畔南无锡路有一所中西合璧的大宅院，1949年以后，大院竟住了75户人家，可见其大。这所大宅院就是上海著名的收藏家张家的老宅。

张家收藏文物已历时三代，第一代张石铭，著有《适园读书志》16卷，编有《张氏适园丛书初集》《适园丛书》《择是居丛书》等。第二代张叔驯，酷爱收藏古钱，人称“古钱大王”。第三代张葱玉，又名张珩，是我国著名的书通鉴定大师。张家从事收藏，从第一代开始，就养成收藏文物，回报国家的家风。张家的古书，后来捐给了中国国家图书馆。张家的第二代，创办了中国第一个古钱币研究团体——古泉学社，出版了第一本古钱币专业刊物——《古泉杂志》。张家的第三代张葱玉，更是将毕生所学，都奉献给了祖国的文物事业。

张葱玉从小受家庭影响，过目宝物甚多，新中国建立之初，国家文物局局长郑振铎先生亲自点将将其调入北京，任国家文物局文物处副处长。从上海的花园洋房，住到了北京的胡同平房，抽水马桶变成了公厕，煤气灶子变成了煤球炉子，但张葱玉对这些身外之物毫不介意，一门心思投进工作中，所编《怎样鉴定字画》一书，多次再版，还被译为日文。

20世纪50年代，张葱玉全家从上海搬到北京时，厨房中的坛坛罐罐都被装进一只巨大的缸内，里头有康熙时的盘，雍正时的瓶，乾隆时的碗，简直就是一口盛满宝物的百宝之缸。在见惯宝物的张家人眼中，这都不算什么，如同普通人家吃饭过日子一样，要用什么家什，就去大缸中寻找。结果一传

十、十传百，张家厨房的大缸也出名了。

后来，张家除了留下两只瓷盘作为纪念，其他宝物连同那口大缸，都交给了国家，也算是对张家几代人收藏文物、回报国家的家风的一种延续吧。

家训格言

境苦乐无常，人心为之也。适千里者百里跬步，适万里者千里门庭，闭户光生，瞻户外屦，惊跋涉矣。夏日中天，行者望扶苏一木，趋而憩之，如清凉国；重檐广厦，铺簟当风，侍者交扇，喘若吴牛。夫一木不凉于广厦，户外不远于千里，心之所存，境从而变，天下事大抵然也。

——清·梅文鼎《绩学堂文钞》

勤之道

【原文】

勤之为道，第一要深思远计。事宜早为、物宜早办者，必须预先经理。若待临时，仓忙失措，鲜不耗费。第二要晏睡早起。侵晨而起，夜分而卧，则一日而复得半日之功。若早眠晏起，则一日仅得半日之功。无论天道必酬勤而罚惰，即人事赢诎，亦已悬殊。第三要耐烦吃苦。若不耐烦吃苦，一处不周密，一处便有损失耗坏。事须亲自为者，必亲自为之。须一日为者，必一日为之。

——明·朱柏庐《劝言》

【译文】

以勤劳作为生存的法则，第一，要深思远虑。应该早办的事和应该早早准备的物品，必须提前做好安排。如果等到眼前才去考虑，难免仓促慌忙，不知所措，很少有不造成物资浪费的。第二，要晚睡早起。黎明时分就起床，半夜时分才安睡，那么一天就又多得了半天的工夫。如果早睡晚起，那么一天只剩下半天的工夫。不必说上天必定会按照每个人付出的勤奋给予相应的酬劳，并惩罚懒惰的人，就是一个人贫富，也已经有很大的差别了。第三，要吃苦耐劳。如果不能吃苦耐劳，有一个地方考虑不周详，这个地方就会有损耗。所以事情必须亲自做的，一定要亲自做。必须一天之内完成的，一定要当天完成。

一位勤俭起家的老人

山东莱州市程郭镇沙埠庄村有户姓傅的人家，是明初洪武二年（1369年）从四川迁来的。一住就是600多年。已传了十九代。家族早期的历史不甚清楚，只知道往上追溯四代的祖先叫傅球。他有三个儿子，长子、次子成年后都闯了关东，杳无音讯。最小的儿子傅云汉16岁就去学木匠，顶门立户撑起了这个家。

转眼几十年过去了，到傅云汉78岁过世时，傅家已成了村里的富裕人家。从当初的三间半房子，发展到6处房产，另外还有80亩土地。傅家后人说，祖上起家，也没有什么窍门，靠的就是勤俭，这已写入家训，成为家风。

先说勤。傅云汉一生未脱离劳动。他有4个儿子，均继承了他的手艺却又各有侧重。老大擅长盖房架梁，老二擅长制作农具，老三擅长绘画装饰，老四则各项均行。这就是一支小型的施工队。那时木匠干活，雇主家是要管饭的。傅云汉老人站在雇主家立场去想，声称吃素，青菜豆腐就打发了，无形中省下一大笔开销，使得这支家庭施工队更有竞争力。活不太忙的时候，傅云汉老人又会带着家人制作酒曲，好的时候，一块曲能卖一块大洋。

再说俭。傅家吃饭，咸菜一次只能夹一根，这是规矩。到集上卖自家做的农具、家什的收入，每人只给一个铜子的花销（当时可买两个馒头或一个烧饼）。

傅家还很看重家族的和睦，虽说没有读过太多的书，但很讲究“孝”

“悌”的道理。傅家还传下来一句话，叫作“把媳妇当成闺女养，就不会有矛盾”。因此，傅家没有让不少人家头疼的婆媳矛盾。

多少代过去了，傅家子孙，如今几乎没有人再靠做木匠活为生了，但傅家祖上传下来的那种勤劳、节俭、善良的家风，却将永远影响着他们。

家训格言

凡人作一事，便须全副精神注在此一事，首尾不懈。不可见异思迁，做这样，想那样，坐这山，望那山。人而无恒，终身一无所成。

——清·曾国藩《曾文正公文集》

实施“免费教育”的古老家族

浙江省金华市金东区曹宅镇官田村陈氏家族，早在几百年前就实施“免费教育”。这是正式写入《陈氏宗谱》的。宗谱中规定，族里有公共的“书田”，书田的收入，就用来支持族里的孩子上学。

已是80多岁的陈氏后人陈元祺老人说，他还记得，在他小时候 ，到陈氏宗祠读书是不要钱的，而别的村的孩子们要来附读，是要交学费的。本族的学子，不仅不用交钱，每年七月初一，还可去祠堂免费领大米，领多少，当然要看当年的收成。如果能考上举人、进士，那就更不得了了，还可以分田。陈元祺老人说，他记得祖父陈增福考中举人后，村里就给分了可交三石租的地，一直到祖父过世，地才收回。这点地并不算多，但那毕竟是一种荣誉。

在有科举的时代，读书当然是为了考中举人、进士，考中举人、进士，当然又会出仕当官。难能可贵的是，陈氏宗族在家规中还明确规定，“凡我族中仕进者须尚祖宗忠孝之风”“勿可贪利坏法虐民负其所学。”就是说，族里后人当了官，必须当个好官。

崇文重教，忠孝报国，这就是古老的陈氏家族的家风。事实上，中国有许多家族，都有类似的奖励学子政策，也都有针对出任当官者的规劝。如今不少家族，都有针对本家族子弟的资助。重视教育、重视人品，已成为神州大地越来越多家族的家风与选择。

《章氏家训》

江苏省江阴章氏家族，是一个历史悠久、人才辈出的鼎盛家族。远的不说，就说近代以来，章家就出过许多人才。如章巨桐（1892～1966年）民国时曾任著名的中山舰副舰长，卷入“中山舰事件”，后脱离海军和国民党，从事教育和禁毒工作。章锡禾（1878～1955年）是复旦大学第一届毕业生，开始与同学邵力子等从事政治活动，后辞职回家，从事教学工作。章楚（1910～2005年），早年留学美国，抗战期间在重庆工作，曾陪同外国友人去过延安。后赴美在联合国担任高级译员数十年。章申（1933～2002年），是留苏归国的化学地理学家，中国科学院院士。

在探讨这个家族为何会英才辈出时，人们大多会说与这个家族的家风有关，而在讨论章氏家族的家风时，人们又会不约而同地提到章氏家族祖上传下来的《章氏家训》。

《章氏家训》首先强调的是人不是物。认为有了贤子孙，钱财官职等可失而复得；反之有了败家子，有了钱财官职也保不住。用《章氏家训》的原话说，就是：

子孙不患少而患不才；产业不患贫而患非正；门户不患衰而患无志；交游不患寡而患从邪。

不肖子孙，眼底无几句诗书，胸中无一段道理，神昏如醉，礼懈如痴，意纵如狂，行卑如焉，败祖宗之成业，辱父母之家声；乡党为之羞，妻妾为之泣。岂可立于世而名人类乎哉！

章家子孙，正是诵读着祖先的教诲，读书、立志，钱财再多，来路不正也是祸害；交游不广，只要交得都是正人君子就好。正是在这样的家风熏陶下，章氏家族才会走出一位又一位能人志士啊！

家训格言

凡人尽孝道，欲得父母之欢心者，不在衣食之奉养也。惟持善心，行合道理以慰父母而得其欢心，其可谓真孝者矣。

——清·康熙《庭训格言》

对待子女不要偏心

【原文】

人有数子，饮食、衣服之爱不可不均一；长幼尊卑之分，不可不严谨；贤否是非之迹，不可不分别。幼而示之以均一，则长无争财之患；幼而责之以严谨，则长无悖慢之患；幼而教之以是非分别，则长无为恶之患。今人之于子，喜者其爱厚，而恶者其爱薄。初不均平，何以保其他日无争？少或犯长，而长或陵少，初不训责，何以保其他日不悖？

——宋·袁采《袁氏世范》

【译文】

有的人孩子多，在吃穿方面对他们必须同等相待，长幼尊卑的划分必须要严格，是非好坏一定要分清。孩子在小的时候就看到平等无别，那么长大以后就没有争财的后患；孩子在小的时候就教导他们严格遵守长幼尊卑的界限，那么长大以后就没有对父母兄长不恭敬的隐患；孩子在小的时候就教会他们懂得如何明辨是非，长大以后就不会去为非作歹。现在的人对于自己喜欢的孩子就偏爱，而对于自己不喜欢的孩子则很淡漠。从小就不能平等地对待孩子，又怎能保证他们长大以后兄弟之间不发生矛盾呢？弟弟冒犯兄长，哥哥欺负弟弟，这种现象如果在孩子小的时候得不到纠正，怎能指望孩子日后能恭敬地对待父母兄长呢？

“但能吃亏福不小”

“但能吃亏福不小。”这句话出自江南村，民国时国立暨南大学教授卢前（1905～1951年）的母亲之口。卢前教授在母亲60岁生日时，写过一首曲子《春晖篇》，里头引用了母亲时常说的一句话：“但能吃亏福不小。”

卢家是南京望族，老宅在南京城南中华门东，秦淮河转向西支去之处的膺福街。历经八代，终成书香门第。清同治年间，卢家前辈卢崟考中进士，历任翰林院编修、云南学政。后又主讲南京尊经书院，是卢家兴旺的标志性人物。

卢家的家风有三：

一是讲义气，肯吃亏。卢前教授写过一篇题为《我的母亲》的文章，文章中写道：“大家庭的维系就是义气，讲义气，然后才能和睦，能和睦就可以互助。换句话说，对内，讲义气，肯吃亏，才能维系一个大家庭；对外，自然是朋友越来越多，不会树敌。”

二是因材施教。卢氏《宗谱》中明确规定：“凡吾宗子孙，上者，教之务读诗书。使之处则为师儒，出则为卿相。次之，资质愚蠢，亦须学礼义，识廉耻，务稼穑，守勤俭，庶不至坠我门户！”就是说，子孙中资质上乘的，去读书入仕；资质一般的，去做些具体事，但也要学习礼仪，知道廉耻。

三是重视联姻。为了择妇，为了择夫，卢家谨守三条：一择其祖宗积德甚厚的人家；二择父母家教甚严的人家；三择门户清白的人家。

卢家祖先所订家规中讲，一个家族兴旺发达之难“难如登天”，而衰败堕落之易，则如同火烧绒毛一样快速。祖先叮咛子孙：“此言当为猛省！”卢家子孙安分守己，诗书传家，卢氏家族历经风雨仍谨遵祖训，家风蔚然。

家训格言

人生世间，自有知识以来，即有忧患不如意事。小儿叫号，皆其意有不如者。自幼至少至壮至老，如意之事常少，不如意之事常多。虽大富贵之人，天下之所仰羡以为神仙，而其不如意处各自有之，与贫贱人无异，特其所忧虑之事异尔。故谓之缺陷世界，以人生世间无足心满意者。能达此理而顺受之，则可少安。

——宋·袁采《袁氏世范》

“行商乃习儒”

中国自古是有“儒商”一说的。儒商，是指那些以义取利、义在利先、遵循儒家道德规范的商人。南京吴姓商人，就是这样一个儒商世家。吴家的家规明确规定：财自道生，行商乃习儒。

吴家老宅位于南京门西钓鱼台，现为南京市文保单位。老城南一带居民称之为“吴家账房”，是一家经营云锦出口的商行。堂号叫“德裕堂”，意在秉承“以德调身，以德沐面”的生意经。吴家账房从事缎业174年，可谓名副其实的百年老店。

据吴家老辈人讲，明代天启年间，吴氏先祖从徽州歙县，穿州过府，做的是走贩徽墨的生意。生意做得很精，不仅仅贩墨，还印制了《墨赋》《墨铭》《墨谱》等书。在那时已显现出以儒立身、诚实守信的家族文化传统。

清顺治年间，吴氏一支族人迁入南京。乾隆年间，吴氏经营改墨为缎，由游贩变成坐贾，经营的内容虽说有了变化，经营的思想却不改初衷。坚守“君子爱财、取之有道”的做人原则，强调“义贯长空走天下”“不失信于人”，认为“生财皆从辛苦来，以诚交易换真金”。认为讲诚信，肯吃苦，才能德兴财昌；如果舍义取利，一味“利”字当头，用奸巧的手段去做生意，不仅失去“义”，也得不到“利”。

正是因为吴家讲求信义，生意越做越大。道光年间，吴家携自家缎绸参加了伦敦万国博览会，受到朝廷嘉奖。

到了民国年间，吴家已逐渐开始淡出缎绸生意，吴名煃（1913～1997

年）20岁时，考进上海储蓄银行，吴名烇的母亲李婉茹，常用“日食三餐，当思农夫之苦；身穿一缕，每想织女之劳”教育他，反复告诫“做事要开张，做人要收敛”。李婉茹去世前对孙子说：“你的祖先是山里人，讲究竹节心虚。你爷爷一生做的不是缎子生意，而是在做人。他挣的钱，是由义生利。”

世事沧桑，“吴家账房”如今已成了一处旅游景点，吴家后人也已无人再做缎绸生意。可吴家那种先做人、后做生意的家风，在今天还依然有着强大的生命力!

家训格言

训曰：道理之载于典籍者，一定而有限，而天下事千变万化，其端无穷。故世之苦读书者，往往遇事有执泥处，而经历世故多者，又每逐事圆融而无定见。此皆一偏之见。朕则谓当读书时，须要体认世务；而应事时，又当据书理而审其事。宜如此，方免二者之弊

——清·康熙《庭训格言》

事业的重要性

【原文】

人之有子，须使有业。贫贱而有业，则不至于饥寒；富贵而有业，则不至于为非。凡富贵之子弟，耽酒色，好博弈，异衣服，饰舆马，与群小为伍，以至破家者，非其本心之不肖，由无业以度日，遂起为非之心。小人赞其为非，则有哺啜钱财之利，常乘间而翼成之。子弟痛宜省悟。

——宋·袁采《袁氏世范》

【译文】

只要有孩子，就必须让孩子有一种可以谋生的事业。贫贱的人有了职业，就不至于挨饿受冻；富贵的人有了职业，就不会去为非作歹。大凡富贵人家的孩子，他们沉湎于酒色，喜好下棋赌博，爱穿奇装异服，坐着华丽的车子，与小人为伍，以至家道败落，这并不是因为他们生来就是不肖之子，而是因为没有职业，整天无所事事，这才起了为非作歹的心思。一些小人引诱他去为非作歹，以获得美食和钱财，经常找机会推波助澜。对于这类人，子弟们应该有比较清醒的认识。

为君子，为善人

南京老城南高岗里17号至21号，在清朝末年名为“广兴府”，是魏氏家族商号“魏广兴”及魏氏家族老宅所在地。据考证，此处当年有织机3000张，故居大门足有两米多宽，有门厅、轿厅、对厅、花厅、走马楼、佛祠、花园等建筑。是南京城里数得着的保存至今的江南民居。

魏家老宅的第一代，叫魏家骅，是著名实业家，慈善家。他可真不是个简单人物，在科举时代，两次考中进士，人称“双科进士”，当过知府，进入民国后，又创办民族企业，还担任过法院院长、南京商会会长。

魏家骅不仅外表慈祥，内心更是古道热心。开粥厂、建孤儿院、赈灾、施衣、施药，这些善行都能见到他的身影。当时就被人称为慈善家。魏家家风，除了行善，流传至今的至少有两条：

一是诚敬。待人诚恳、恭敬。魏家骅反复强调这是魏家子孙修身立德之本，是西方基督教、儒、佛各家“圣人最切要之言”。

二是练字。魏家骅53岁时得一子，他先由自己写出工整的大字，做成卡片，再教儿识习，并于字里行间指点儿子做人的道理。其子魏之霨沿袭这一做法，魏家三代人均工于楷书，并从中体悟为人之道。魏氏族人为人均能恪守祖训：为君子，为善人，翩翩有古君子之风。

家风就是一个字：恪

河南省清丰县瓦屋头镇陈家，是当地远近闻名的读书人家。这家人的家风，就是一个字：恪。这个字的基本含义有二：一是恪守；二是谨慎。那么，陈家要恪守的是什么，谨慎些什么呢？

陈家的第五代传人说，陈家原本是一个雇农家庭，并无钱读书。曾祖父在地主家当小工，因知礼、勤勉，深得东家喜爱，破例让他陪读，这才有了读书的机会。1903年，清政府最后一次科举考试，曾祖父考了县上第一，从此名扬乡里，因他行三，当地乡亲都尊称他为“三秀才”。后因科举考试取消，曾祖父就办私塾，成了教书先生。看到当地百姓缺医少药，又自学了中医，医术不错又不收钱，这一下，曾祖父又成了远近闻名的“陈郎中”。

陈家原本是小门小户，自曾祖父起，成了县里有名的人家。家里的规矩由曾祖父开始立。他一是强调家中子女，不论男女，都得进学堂读书；二是告诫子女恪守礼教，小心谨慎。留下了“心无妄因，足无妄走，人无妄交，物无妄受，奉公尽己，恪职尽责，恪守义礼”的家训。

在陈家“恪”字风气影响下，陈家后人均能读书奋进，恪职尽责。祖父一辈，有6人考入黄埔军校、直隶省立第七师范等学校。如今陈家已传了七代约200人，不论是公务员，大学教授，还是普通工人，都不敢忘祖上的教诲。

做官即不许发财

抗日名将吉鸿昌（1895～1934年）的父亲吉筠亭，生前在老家河南省扶河县开茶馆为生。家境并不宽裕，但十分重视教育，曾创办贫民子弟学校，为家乡上不起学的孩子提供受教育的机会。对儿子吉鸿昌，吉筠亭最常说的话就是一句："做官即不许发财。"对吉家而言，这是祖训。

1931年3月，父亲去世，这时吉鸿昌已任察绥民众抗日同盟军第二军军长兼前敌总指挥，他烧制了3500个瓷碗，把父亲留下的这七个字烧制在细瓷碗上，分发给全军团以上军官，每日三餐"三省吾身"，与全军将士共志廉洁。吉鸿昌说："我吉鸿昌虽为长官，但我绝不欺压民众，掠取民财，我要牢记家父的教诲，做官不为发财，要为天下穷人办好事，请诸位兄弟监督。"

自此，一只写有"做官即不许发财"的瓷碗一直带在吉鸿昌身边，时刻提醒自己应如何为人做事，直到他39岁在抗日战争中以身殉国。

吉家后人也始终牢记祖训，要么不做官，做官就不许发财，这已成为吉家传承至今的家风。

家训格言

人家不论贫富贵贱，只内外勤谨，守礼畏法，尚谦和，重廉耻，便是好人家。

——清·张履祥《杨园先生全集》

“实业为基础，读书为根本，科第为余事”

四川威远罗氏家族，祖上是清朝初年从湖北麻城迁徙来的。从一介蓬门小户、赤贫家庭，通过运煤、凿井、贩盐，到了乾隆、嘉庆年间，已成当地富户。出过3个进士、3个举人，清末民初，子孙赴法国、苏联、日本留学的10人。民国时即已有6名知名教授，出自威远罗家。

不过，与诸多先富后教的家族的家风似有所不同的是，罗家更注重实业，也更注重报效国家。罗家的祖训是：实业为基础，诗书为根本，科第为余事。

在“万般为下品，唯有读书高”的封建社会，竟将“科第”列为“余事”，的确是不同凡响。

或许正是秉承这样的家风，罗家才会出了那么多中华民族的大好男儿：同盟会会员罗万瑞，北伐烈士罗永春，为血战台儿庄而英勇捐躯的罗世泽，牺牲在渣滓洞、曾任中共四川省委书记的革命烈士罗世文……都是从罗家老宅、罗家大屋走出来的罗氏家族优秀子孙。

罗氏家族那种注重实效、崇尚道德的家风，必将永远为遍布海内外的罗氏后人尊崇、践行。

“要记得自己是好人家的子弟”

沈昌文1931年出生于上海，家境清贫，3岁丧父，母亲靠给有钱人做佣人来维持一家的生计。但祖母总是念叨着一句话，告诫孙子不能自甘堕落。这句话就是：“要记得自己是好人家子弟。”

沈昌文勉强读完初一，因没钱交学费，初二没有上完，就去一家首饰店当学徒，他在自传中写道：“我受了祖母‘要记得自己是好人家子弟’的教育，一直想离开‘学徒’的岗位，另谋出路。而出路之唯一可行之处，便是要是自己有一技之长。因此，从学徒的第一天开始我就千方百计来觅实习的途径。”

庆幸的是，在20世纪40年代后期的上海，几乎从早上5点到晚上11点，都能找到学习的机会。五六年间，沈昌文前前后后、断断续续竟上了14所补习学校，学习了多种技能，从速记、会计，直到摄影、无线电，还学英语、俄语、世界语等。

新中国成立不久，沈昌文凭着从补习学校学到的知识，以超过不少大学生的成绩，进入出版界工作。他从校对做起，后来担任《读书》杂志主编，又出任三联书店总经理，成为中国著名的出版家之一，策划出版了一大批影响深远的好书。

如今，退休多年的沈昌文不仅出版了《也无风雨也无晴》《阁楼人语》《最后的晚餐》《知道》《书商的旧梦》等著作，还不断关心着出版事业的发展。这位年过八旬的老出版家感叹地说，他之所以有今天，之所以在艰难困苦中能够坚持下来，祖母的叮咛言犹在耳“要记得自己是好人家子弟”，起的作用真是太大太大了。

“积德裕后”与“义同输粟”

浙江省庆元县有个周姓人家，祖上传下的八字家训，已是传承上百年了。

周家先祖，是生于清嘉庆年间的周茂珏，是他率先从自己的田产中抽出能打8000石稻谷的田，作为“秀才田”，奖励族中能考上秀才的子孙。当地府、县为勉励这一义举，送了两块匾。一块匾上写着“积德裕后”，一块匾上写着“义同输粟”。从此，这八个字，就成了周家世代相传的家风。

1924年，周家祖先周之桢的妻子郭凤云，为实现周之桢的遗愿，出钱出力，创办了庆元第二女子高等小学，并亲任校长。这是周家从教的第一代。她的两个儿子、一个儿媳，也均站上讲台，教书育人。其中二儿子周邦，还曾任庆元县实验小学第一任校长和县教育局第一任局长。

郭凤云的孙子辈也即从教第三代中，又有6人从教。第四代重孙辈中，从教的更多达8人。第五代中从教的有10人。目前，周家第六代子孙中，已有人接过教鞭，站上讲台。

第四代从教的周家子孙周彩霞说：祖上说“义同输粟”，她的理解就是教育育人，就像灾年开仓赈济那样重要。庆元当地的百姓们则感叹：庆元这地方教育事业的发展，离不开周家几代人的贡献。真的是如同周家家风所言：积德所裕后。积了大德，惠及后代。

程家的“吃亏论”

江西省南昌市新建区大塘坪乡，前两年曾因发掘出了汉代海昏侯墓而闻名全国。而就在离海昏侯墓不远的地方，就有一处名叫“汪山土库”的清代官宦老宅。

汪山土库俗称“程家大屋”，是程氏家族的老宅。这里出过3位督抚。林则徐、翁同龢等名人，都曾来过汪山土库。

家里出了这么多大官，那还不得气焰千丈？程家却恰恰相反，官越大，越是诚惶诚恐，如临深渊。当了大官的兄弟告诉族人：“富贵无常，今日我贵骄人，异日人贵骄我，势位之危，危于朝露，可慎哉？”富贵如浮云，如朝露，不是什么靠得住的东西。真正靠得住的，还是自身的德操，自身的学问。所以不要说待同僚，就是待家中佣人，也要和和气气，说是“奴婢亦人子”，必须以礼相待。

程家家训中，多次讲到要吃亏：“一曰要吃亏，二曰学吃亏，三曰吃得亏，四曰还不算吃亏。”“人能守得‘我吃亏’三字，不患不出人头地。”程家家风，就是3个字：能吃亏。程家家训中说：“吾家祖宗余荫致有今日，患我欺人，不患人欺我。若有人欺，果能俯首下气以受，此乃兴旺气象。”

家中“一门三督抚”，却讲究“吃亏是福”“俯首下气”，中国传统家风，的确是博大精深啊！

“崇德重教，爱家兴业”

浙江省余姚市马渚镇斗门村，有个胡氏家族。这一家族最有名的先贤，不是什么进士、翰林，而是一位普普通通白手起家的人，叫胡莲荪。

胡莲荪自幼父母双亡，几乎没上过什么学，很小就跟着堂兄到上海谋生。开始是推着车给人送货，干得很卖力、很敬业。一位姓傅的钱庄经理看在眼里，就招他去钱庄当杂工。这就不用每天推个车到处跑了，胡莲荪很知足，一边干活，一边自学，没几年居然学会了基本的记账、打算盘等，傅姓经理十分欣赏，不久他当上了一家洋行的中方经理，就把胡莲荪也带了去，从此胡莲荪的生活发生了根本的改变。

胡莲荪切身感到读书的重要性，尽管自己也不是什么大富之人，仍于1918年捐出银圆近万元，创办了求实小学。1932年日军侵略上海，胡莲荪逃难时不幸去世，临终前，他还念念不忘求实小学，并留下了“崇德重教、爱家兴业”的家训。

如今，胡氏子孙谨遵祖训，求实小学仍是村里最好的房子之一，斗门村及临近村子的孩子，都是在这里上的小学。村里的胡氏后人，还定了个规矩：一年聚会两次，每次聚会做一件实事。他们集资根治了沙道的污染，救助了贫困学生，修得了胡家宗祠……一件又一件的实事，就是一次又一次践行“崇德重教，爱家兴业”的胡家家风。

朱家三兄弟的爱国家风

江苏省太仓市，有个名门望族朱氏家族，在抗战期间，朱家三兄弟，谱写下新的爱国篇章。老辈人说，这家人，那是真爱国啊！爱国，就是朱家的家风。

朱家祖上也是读书人家，但早在清同治年间，便在镇上开设万茂酱园，算是儒商，诚实守信，生意做得很不错，分号遍及江南，人称“江南酱园大王”。不幸在民国初年，总店毁于战火，子孙只得离开家乡，向外发展。

1931年上海“一二·八”事变时，在上海经营汽车公司的朱增元，用自家汽车搬运士兵，后运伤员。朱家后人说，那时朱增元经常是一身是血，半夜归家。抗日战争胜利后，朱增元是主管上海接收的大员。当时不少汉奸来找他，许诺只要他手下留情，便送他一幢洋房，都被他骂了出去。

朱屺瞻，本名朱增均，是我国著名的国画大师。抗战时在家乡建画室取名“梅花草堂”，草堂边有日军炸弹炸的大坑，经他改造成荷花池，题名“铁卵池”。1991年，百岁老人加入了中国共产党，当时是全国年龄最大的新党员。入党后他又重返家乡，重新题写了“铁卵池”三字，教育后人，不忘日军暴行。

朱增祥，早年留学法国，与周恩来、邓小平等都是同学。归国后任汽车运输公司总工程师，抗日战争时赴大后方，主管运输，权力颇大，但十分清廉。朱家人笑称他是“拿着金碗讨饭吃”。

朱家三兄弟共赴国难的故事，在朱家子孙中久久流传着。爱国家风，传承有人。

德行修养在自身

【原文】

士之品有三：志于道德者为上，志于功名者次之，志于富贵者为下。近世人家生子，禀赋稍异，父母师友即以富贵期之。其子幸而有成，富贵之外，不复知功名为何物，况道德乎？伊周勋业，孔孟文章，皆男子常事。位之得不得在天，德之修不修在我。毋弃其在我者，毋强其在天者。

——明·袁衷《庭帏杂录》

【译文】

读书人的品性可以分三等：有志于修养道德品质者为最上，有志于成就一番事业者次之，有志于荣华富贵者为最下。近来有儿子的人家，孩子稍有一些天赋异禀，他的父母、老师、朋友就期待他能够大富大贵。这样的孩子即使有幸有所成就，但是除了富贵，他不知道事业是什么，更不用说道德了。伊尹和周公所创立的功业，孔子和孟子著就的那些伟大的文章，都是男子追求的平常之事。官位得到得不到都在于天命，而道德修不修养都在于自身。不要放弃自己能够改变的事物，也不要强求自己不能改变的天命。

赵一曼绝命家书字千钧

抗日民族英雄赵一曼烈士，原名李坤泰，于1905年10月25日出生在四川宜宾白花场白杨嘴村，1926年加入中国共产党。后来，她在东北抗日改名赵一曼。

1929年2月7日，赵一曼在湖北宜昌做党的地下工作时，生下儿子陈掖贤，乳名“宁儿”，取“安宁无事”的意思。

宁儿出生不久，宜昌党的地下联络站就暴露了，敌人到处搜捕赵一曼，母子俩辗转流离。1929年9月，赵一曼受党组织委派到南昌江西省委机关工作。这年年底，江西省委又遭到破坏，赵一曼被迫带着宁儿转移，一路历经磨难，终于回到上海党中央机关工作。

1930年春，赵一曼在上海，将孩子寄养在丈夫的堂哥家。赵一曼深知，这次分别不知能否再见，她特意抱着宁儿去照了一张后来成为唯一留传于世的母子合影。

1931年“九一八”事变爆发后，中共中央为加强东北抗日斗争，赵一曼受命前往东北，后任东北抗联第三军第一师第二团政委。1936年8月2日，在黑龙江珠河与日军作战时，负重伤被俘，最终壮烈牺牲。赵一曼在牺牲前给儿子写下一封饱含深情与嘱托的遗书：

宁儿：

母亲对于你没有能尽到教育的责任，实在是遗憾的事情。

母亲因为坚决地做了反满抗日的斗争，今天已经到了牺牲的前夕了。

母亲和你在生前是永久没有再见的机会了。希望你，宁儿啊！赶快成人，来安慰你地下的母亲！我最亲爱的孩子啊！母亲不用千言万语来教育你，就用实行来教育你。

在你长大成人之后，希望不要忘记你的母亲是为国而牺牲的！

一九三六年八月二日

你的母亲赵一曼于车中

如今，陈掖贤的女儿陈红一直珍藏着一份由父亲手抄的遗书副本。每每读起它，陈红都不禁涌出泪花。

陈红说："当爷爷带着父亲去东北烈士纪念馆祭奠奶奶时，父亲放声痛哭，回来后就用钢笔在手臂上刺下'赵一曼'三个字。直到他去世时，三个字依然历历可见。"

后来，陈掖贤连烈士证和抚恤金都没有领。陈掖贤常告诫陈红和妹妹，自己的事自己办，不要给国家添麻烦，奶奶的光环不是用来依附的。

多年来，陈红周围的领导、同事，很少有人知道她是赵一曼烈士的后人。20世纪90年代，陈红一度因企业困难而下岗，但仍拒绝了多次"特殊照顾"。赵一曼牺牲地黑龙江尚志市的领导，多年来一直希望她到尚志宣传"一曼精神"，并对她的工作生活做了安排。但陈红婉拒了这样的好意："宣传奶奶我义不容辞，但我怕做得不好，玷污了她的名誉。"

杨靖宇后人的三件传家宝

抗日英雄杨靖宇的感人故事在中华大地口耳相传，妇孺皆知。这位大英雄曾经战斗在白山黑水之间，让日本侵略者闻风丧胆。但是你可能不知道，杨靖宇的原名叫马尚德，他的后代现有18口人，生活在郑州一个普通的社区里，都做着最平凡的工作。

这个家庭无论如何困难，也从不愿意对人提“杨靖宇”三个字，只因为他们深深懂得不能躺在祖辈的功劳簿上，而要自力更生挺直腰板踏踏实实做人，即使清贫，即使简朴，也不能丢掉英雄后代的气节。

这个家庭有3件传家宝——照片、桦树皮和家训。

第一件传家宝是一张照片，是杨靖宇将军在开封读书时拍摄的，也是生前唯一的一张照片。1928年，23岁的马尚德离开确山老家外出参加革命，到1940年化名杨靖宇在东北抗日、壮烈牺牲，他再也没有回到过家乡。他走时，儿子1岁，女儿出生仅5天。原照片保存在杨靖宇母亲张君手中，后传给杨靖宇的妻子郭莲。张君和郭莲临终之前都不知道杨靖宇的下落，带着深深的思念和遗憾离开。郭莲把照片又传给了杨靖宇的儿子马从云、儿媳方秀云，千叮咛万嘱咐，一定要找到他们的父亲马尚德。1950年，马从云、方秀云夫妇听说父亲1940年在长白山牺牲的事迹时，失声痛哭，早就听说东北有个抗日英雄杨靖宇，哪里知道那正是他们日夜寻找的父亲。

第二件传家宝是一块桦树皮。1953年，马从云带着妻子方秀云和长子马继光到东北为父亲扫墓。杨靖宇的老战友送给他一块桦树皮，并说：“当年你父亲就是吃这个和敌人打仗的。”从此，这块桦树皮成了他们的传家宝，至今仍被方秀云珍藏。作为杨靖宇的儿子，马从云时时处处严格要求自己，工作勤恳敬业，任劳任怨。马从云去世后，方秀云没向组织上提任何要求，而是一个人艰难地抚养着5个孩子。小儿子曾经对母亲方秀云发牢骚：“娘，我们家为什么总吃白菜呀？我要吃肉！”这时，方秀云就高高地举起那块桦树皮，对他说：“儿子，我再说一遍，你是英雄杨靖宇的后人。”如此不同寻常的家教，使杨靖宇的后人们健康地成长起来。

第三件传家宝是家训。马从云是在40年前因公殉职的，他临终前对家人说：“咱是烈属，是抗日英雄的后代，咱家可不能出孬种。”而方秀云经常对孩子们说：“爷爷是爷爷，你们是你们。不能张扬，低调做人。一定要给爷爷增光添彩，不要给爷爷脸上抹黑。工作能力大小是一回事，但是人品一定要好……”5个孩子从小就接受来自父母严格的教育，从上学到工作，从没对周围的人炫耀过他们是杨靖宇的后代。同事们从其他途径知道后，都惊讶地说：“这么大的事，你怎么不早说呀！”方秀云的小儿子马继民说：“爷爷的功绩是我们的骄傲，却不是我们的。我们只有在岗位上好好工作，多为人民服务，才对得起爷爷。”数十年来，杨靖宇的后人就是这样，时时处处严格要求自己，做事情首先想到不能给爷爷抹黑。

马家5个孩子从小就受到严格的家教，拒绝金钱物质利益的诱惑，不借杨靖宇的名声张扬，低调低调再低调，拒绝坐享其成，而是自力更生，在平淡生活中学着感恩知足，为社会贡献着自己的力量。

这个家庭的每一位成员都记得爷爷，因为爷爷是他们永远的骄傲。但是这里每位家庭成员都要“忘记”爷爷，因为他们不能依赖爷爷，不能居功自傲。他们自己用勤勤恳恳、默默奉献的精神，诠释着英雄之后的拳拳报国情怀。

将门布衣，红色传人

20世纪70年代，一部红色影片《闪闪的红星》轰动全国。片中主人公——机智勇敢的“潘冬子”，教育影响了几代人。直到2013年1月，人们才知道“潘冬子”的原型之一，居然是著名开国上将许世友的长子，河南省信阳市新县人大常委会原副主任许光。

1932年，许光不满3岁，父亲许世友就随红军离开家乡大别山转战川陕。许光7岁参加儿童团，边逃难，边斗争，九死一生。当父亲问及许光想干什么时，许光毫不犹豫地回答：“我想当兵，像父亲一样报效祖国！”新中国成立后，许光苦读7年，成为共和国第一批本科学历的海军军官、优秀舰艇长。

作为大孝子，许世友对母亲的孝敬是出了名的。但母亲年事已高，又过不惯城里的生活，许世友军务繁忙，不能回乡侍奉。为了让母亲有一个幸福的晚年，经过慎重的思考，许世友决定让许光代其尽孝，遂将其调回家乡工作。

许光带着父亲的嘱托回到新县人武部，担任一名普通的参谋，一边工作，一边照顾奶奶。当94岁高龄的奶奶驾鹤西去时，许世友将军正在东海前线指挥海防备战，还是许光代替父亲，送了奶奶最后一程。办完奶奶的后事，许光完成了父亲的嘱托，原本有机会重新回到部队。但许光认为，自己如果回去了，就是搞特殊化，这在他看来是绝对不允许的。“不能在军营施展抱负，就要在家乡有所作为。”他给父亲许世友的信中说道。

父子俩家书不断，说得最多的不是家事，而是新县的建设、乡亲们的生活。许光总在信里说，新县很好，发展很快，家乡又有新变化。每次接到家书，许世友都特别高兴。

回归大别山48年，许光从未后悔。当年的战友，不少人成为将军或地方高官，但许光认为，共产党员不一定非要当将军、扛将星，才算有光明的前程，扎根农村，同样无上光荣。

许光一生恪守清贫，但对老红军及遗属从来慷慨大方。回到家乡40多年来，新县的“红军街”每天都有他走访慰问的身影。他用微薄的工资，资助了100多名红军遗属，为9位红军遗孀遗属养老送终。他累计资助了老红军10多万元。

在子女眼中，许光是个严格又固执的父亲。亲戚眼中，他讲原则到不近人情的地步，想求他办事，走后门、拉关系，是根本不可能的。许光经常告诫子女：“我早就把高干子弟的帽子摘掉了，你们更不能再戴！”不论是儿子入伍、复员，还是女儿考军校、提干，许光从来不搞特殊化，这也让许家的后辈们养成了一切靠自己、脚踏实地的作风，他们在各自的岗位上，一步一个脚印地前进。

2012年5月，许光被查出癌症晚期，病重时住进了医院。他坚决不同意院方要给予的特殊照顾，提出“三不”原则：不用进口的药、不做过度治疗、不给组织添麻烦。他认为享受了自己不该享受的，就是不正之风！弥留之际，他又将自己毕生积蓄的20万元存款捐给了家乡的慈善事业。

身为名将之子，却甘为布衣，始终与人民群众血脉相连。“潘冬子”许光走了，却把“闪闪红星传万代”的精神留给了后人……

传承将军家风，做一辈子好事

俗语说“做一件好事不难，难的是一辈子做好事”，但是，龚全珍用实际行动告诉世人的是“做一辈子好事也不难”！

龚全珍是开国将军甘祖昌的夫人，龚老说：“自己每天都来检查检查自己，这一天都干了什么事情，做的事情对人民有好处没好处。我就是用这个方法，来不断纠正自己的‘好逸恶劳’。”这位年逾九十、有着60多年党龄的老党员就是这样严格要求自己，把有限的生命投入到无限的为人民服务中去。

1986年3月，甘祖昌将军因病离世，这一年，龚全珍63岁。为了不给儿女增添麻烦，龚全珍住进了县幸福院。在幸福院的5年中，她把自己当作院里的工作人员，组织老人们开展政治学习、擦地板、补衣服，还拿出生活费为老人们买营养品。

从教师战线退下来的龚全珍始终关心下一代的教育成长。2003年，她加入了县镇两级的老干部宣讲团，经常为青少年做爱国主义传统教育报告。有一次，她应邀到凫村中学做爱国主义传统教育讲座，讲完后，看到学校里空荡荡的图书馆，心里很难受。回到县城后，她拿出平时省吃俭用积攒起来的生活费，到县新华书店购买了1000多册图书，送到了凫村中学。不久后的一天，龚全珍在县关工委看报，无意中听到工作人员说县关工委打算购买《激励永远》教育光盘捐赠给学校，但还有部分资金缺口，她又毫不犹豫地捐出了2400元。

龚全珍老人有写日记的习惯，她写了40多本日记，每一篇日记都在记录、在反省、在思考。经过她同意编著而成的《龚全珍日记选》，既记述了一个普通百姓日常生活的点滴小事，又记述了50多年来一个共产党员经历的国家政治风云变幻和重大事件。这部日记不仅是她心血的结晶，还是老人心路历程的真实记录；这部日记不仅是她个人的私有财产，更是党的精神财富。每一本日记本的扉页，烙上的是老人对党的坚定信仰；每一篇日记的字里行间，透出的是一个共产党员的本色。

龚全珍夫妇对孩子们要求非常严格，从不会利用自己的身份为儿女们谋私利。大女儿当年想去当兵，甘祖昌不仅没有帮忙，还让军分区领导严格体检；后来他们又把推荐二女儿上大学的指标让给了家庭贫困的退伍兵。

本作为将军的遗孀，龚全珍有资格享受政府提供的更好的生活待遇，但她一直不同意政府给她改善生活条件。甘祖昌将军去世后，她继续保持着节俭的美德，住普通民房，吃粗茶淡饭，穿粗布棉衣。节省下来的工资，她全部资助给了困难群众和学生，就像甘祖昌将军当年一样。她说：“我从不认为自己身份特殊，但我有一份特殊的责任，就是要把老甘的精神传承下去。”

全家人坚守着甘将军的理想和信念，感悟着龚全珍的无私大爱，在背后默默照顾她、支持她、追随她，并在平凡的工作岗位上默默无闻、兢兢业业地工作。龚全珍一家人自觉加入志愿服务队伍，积极向社会奉献爱心。对于龚全珍为大家舍小家的种种行为，全家人的理解支持也是不可忽略的美丽的闪光点。

龚全珍老人淡泊俭朴了一辈子，情倾教育一辈子，无私奉献一辈子。她以实际行动传承了将军的优良家风，彰显了一名优秀共产党员的崇高追求和高尚境界。

沂蒙红嫂：祖孙三代传承革命好家风

在第一届全国文明家庭表彰大会上，山东沂南县东辛庄村张淑贞的“红嫂家庭”，因“爱党拥军、永远跟党走”的红嫂家风，被评为全国文明家庭。

张淑贞家庭三代中有18人入党、7人参军、1人光荣牺牲，他们家的故事被拍成电视剧《沂蒙》。在这个“红嫂家庭”中，奶奶王换于、妈妈张淑贞、女儿于爱梅，祖孙三代传承着革命好家风，始终以爱党爱军、大爱无私的情怀传递着红嫂精神。

张淑贞是百岁沂蒙红嫂王换于的儿媳，也是沂蒙新红嫂于爱梅的母亲。抗日战争时期，她和婆婆王换于一起创办“战时托儿所”，担任两个村的妇救会长，负责13个村的抗日宣传和发展党员工作，发动组织群众支援前线。

奶奶王换于是家庭中第一个“坚定跟党走”的人。1938年，50岁的王换于加入中国共产党。去世时，老人已是101岁高龄，县里还为她修建了纪念馆。

当年，八路军女战士陈若克来到王换于家，为躲避敌人搜查，与王换于母女相称。1941年11月，日寇来“扫荡”时，陈若克已经有了8个月的身孕，王换于想让她藏起来，但她坚决不同意。在随部队突围时，陈若克因行动不便被捕，在狱中，她和刚出生的女儿被日军刺死。

一个月后，陈若克烈士和女儿的遗体被秘密运出，王换于看到后，痛不欲生，硬是变卖了家里的三亩半地，为她们母女置办了寿衣、棺木，将她们葬在了自家的菜地里。

在奶奶王换于无私奉献精神的感染下，张淑贞也为革命后代倾注了所有的心血。抗日战争时期，王换于与张淑贞一起开办了“战时托儿所”，亲手抚养30多名革命后代和8名烈士遗孤长达3年之久。

在那个物资匮乏的年代，张淑贞为了照看好“战时托儿所”里的革命后代，把刚出生的于爱梅的姐姐放到一边吃糊糊汤，却把自己的奶水喂给了年龄小、体质差的托儿所孩子。张淑贞告诉女儿，就是自己舍上命，也不能让烈士断了根。就这样，“战时托儿所”的38个孩子一个都没少，而张淑贞和于爱梅的婶子却有4个孩子因营养不良夭折。

后来，张淑贞加入中国共产党，并在抗日战争最艰苦的年代发展了20多名党员。在于爱梅的父辈中，有9人在新中国成立前入党，有4人参军参战，1名烈士。

在这之后，张淑贞虽然年纪大了，但仍然没有忘记自己入党时立下的誓言，只要身体允许，她就忙着做军鞋、纳鞋垫，给孩子们讲革命故事。她用行动践行着入党誓言，朴实传承着永远跟党走的家风，用善良诠释着一名红嫂的平凡和伟大。

受到奶奶和母亲的影响，于爱梅也走上了拥军爱党的红嫂之路。她从母亲手里接过“红嫂的针”，成为一名新时期红嫂。

在于爱梅的倡导下，“沂蒙红嫂协会”成立。于爱梅组织姐妹们到部队拥军，看望老英模、老红嫂，为子弟兵送去拥军鞋垫5000多双，做红嫂事迹报告200多场。从2011年开始，于爱梅到沂蒙红嫂纪念馆做起了义务讲解员，义务做报告1000多场，向全国各地的党员干部讲述奶奶、母亲的故事。于爱梅说：“我希望向大家传递一个红嫂家庭的温暖和力量，让奶奶和母亲‘爱党拥军，永远跟党走’的精神感染和影响更多人！”

焦裕禄的家风

1922年8月16日，焦裕禄出生在山东省淄博市博山区崮山乡北崮山村一个贫苦家庭，1946年，加入中国共产党。1962年12月，焦裕禄被调到兰考县，任县委书记。

兰考县地处河南东部的黄河故道，久经风沙、盐碱、内涝之苦。焦裕禄来到兰考的第一年冬天，正赶上连续3年自然灾害较严重的一年，全县粮食产量下降到历年最低水平。他上任第二天起，就深入基层调查研究，他说："吃别人嚼过的馍没味道。"焦裕禄仅仅一年多的时间，就跑遍了全县140多个大队。

焦裕禄身先士卒，带领全县人民封沙、治水、改地；他在风沙最大的时候，带头去查风口，探流沙；他在倾盆大雨之下，带头蹚着齐腰深的洪水察看洪水流势；他在风雪肆虐的时候，率领干部访贫问苦，亲自登门为群众送救济粮款；他经常钻进农民的草屋、牛棚，同普通农民同吃同住同劳动。一点一滴，无不体现出焦裕禄对人民群众的真诚与热情。他常说，共产党员应该在群众最困难的时候，出现在群众的面前；在群众最需要帮助的时候，去关心群众、帮助群众。

在焦裕禄的心里，群众永远是第一位的，而唯独常常忘了自己。患有慢性肝病经常肝部痛得直不起腰、骑不了车，即使这样，他仍然用手或硬物顶住肝部，坚持工作、下乡，直至被县委强行送进医院。1964年5月14日，年仅42岁的焦裕禄被肝癌夺去了生命，兰考百姓失去了一位好书记。

焦裕禄虽然走了，但是他留给子女的好家风却传承不息。“任何时候都不搞特殊化”是焦裕禄家风中最闪光的遗产。

焦裕禄的女儿焦守凤初中毕业后，兰考县几家单位都愿意为她安排工作，话务员、教师、县委干事……一个个体面的职业让这个年轻的姑娘对未来充满了期待，但很快被父亲泼了冷水。

焦裕禄郑重地告诫子女，县里的好地方，干部子女不能去。焦裕禄把焦守凤领到食品厂，不是为了让厂领导照顾自己的女儿，而是一再叮嘱厂里不能因为自己的缘故给她安排轻松的岗位。焦守凤在食品厂跟普通工人一样，秋天切萝卜、腌萝卜，有时候还要腌辣椒。一天下来手都会烧出泡，晚上疼得睡不着，只能在冷水里冰着。

在父亲高尚品德和良好家风的影响下，面对单位两次分房子，焦守凤都坚决推辞。“晚上回来能有张床睡觉，那就是好的，我不要求多高的条件。”后来，焦守凤待业的女儿希望托关系找工作，焦守凤像父亲焦裕禄当年一样拒绝了女儿：“老子是老子，你是你，各人的路各人走。”

焦跃进是焦家儿女中唯一一个走上政途的，先后担任过兰考县东坝头乡党委书记、杞县县委书记等职务。虽然父亲去世时，焦跃进年纪尚小，但母亲延续了父亲的教导。“老焦有一句名言，蹲下去才能看到蚂蚁。你得跟你爸爸一样，跟群众打成一片，特别是调查研究，你爸爸做得很突出。”焦跃进经常从母亲口中听到这些话，他把父亲当作榜样，“爸爸既是精神财富，也是一种压力在鞭策我，绝不能给他老人家脸上抹黑。”

清白持家、为民奉献的谷文昌

福建省东山县原县委书记谷文昌是河南林县人。1950年，谷文昌随部队南下至福建，在海岛东山县一干就是14年，担任县委书记10年。谷文昌到东山县之初就了解到东山岛东南部原有3.5万多亩荒沙滩，每当狂风刮起时，飞沙侵袭村庄、毁坏庄稼。他说："不治服这风沙灾害，东山人民是无法过好日子的。要治穷，得先除害！"他与县委一班人，先后8次组织干部群众筑堤拦沙、挑土压沙、植草固沙、种树防沙……可惜收效都不大，当地百姓仍深受其苦。见此情景，谷文昌发誓："不制服风沙，就让风沙把我埋掉！"

1958年春，谷文昌代表县委向全县百姓发出号召："上战秃头山，下战飞沙滩，绿化全海岛，建设新东山！"他率领东山人民苦战十几载，遍植木麻黄，绿化了全县400多座山头、3万多亩沙滩，筑起了30多公里长的沿海"绿色长城"，硬是治服了"神仙都难治"的风沙，从根本上改变了当地恶劣的自然环境和贫穷落后的面貌。东山县由昔日荒山秃岭变为现在的"国家级生态示范县"和"全省环境最佳县"。

凡是谷文昌工作和战斗过的地方，只要提起谷文昌的名字，人们都赞不绝口。无论何时，他从未忘记党员身份，从未褪去党员底色。

一身正气、两袖清风的谷文昌，为子孙留下了良好的家风。"干部家属不能特殊化。"谷文昌经常这么告诫家人。

20世纪50年代，组织部门曾建议提拔他的老伴当副县长，他当即谢绝了。

1964年，谷文昌赴省任职之前，有关部门想把他在财政局当临时工的大女儿转为正式干部，随他一起调到省里工作。谷文昌得知后坚决不同意，他说："县委书记的孩子不能特殊，还是留在东山锻炼好。"

谷豫东是谷文昌的小儿子。谷豫东说，父亲一辈子艰苦朴素，一件从渔民手中买来的旧大衣，一穿就是20年，直到生命的最后一刻。调离东山时，父亲的全部家当只有两只皮箱、两只木箱、两罐萝卜干和几麻袋杂物。谷豫东从小感受的也是艰苦朴素，他说："我读书的时候，就羡慕同学有新衣服穿，我都是穿父亲和哥哥的旧衣服，逢年过节也是一样。我母亲就说，旧衣服缝缝补补就很好啦。"

谷豫东回忆，父亲去世后，母亲一周内拆除了家中的电话，连同父亲的自行车一并上交党组织，母亲说："这是老谷交代的，活着因公使用，死后还给国家。"母亲依然过着清贫的生活，自己省吃俭用，却长期默默资助贫困大学生，直到多年后才被家人发现。

谷文昌的言传身教深深影响了家人。到了谷家第三代，也是从小习惯了节俭。谷豫东的女儿谷宇凤上大学时，每个月生活费只有400元，她说："当时同学生活费都是上千元，钱不够用，我就勤工俭学，月底没钱了就米饭配豆腐乳。"

当年，谷豫东上山下乡时被分配到边远山区，谷文昌勉励他"路只有自己走，才能越走越宽广"。如今，谷豫东也用同样的话语教诲女儿谷宇凤。谷宇凤大

学毕业后就扎根基层，一干就是10多年，毫无怨言。

"不带私心搞革命，一心一意为人民。"这是谷文昌毕生的追求与信仰。心中有党、心中有民、心中有责、心中有戒，谷文昌堪称"四有"干部的楷模。至今东山的老百姓仍然对谷文昌念念不忘，尊敬地称他为"谷公"。谷家"清白持家、简朴本分、为民奉献"的家风故事，也在百姓中口口相传。

杨善洲的“苛刻”父爱

杨善洲是云南保山施甸人，1927年1月生，1952年11月入党，原任保山地委书记。

从1951年参加工作到1988年退休，杨善洲坚守共产党人的精神信仰，无论是在职期间还是退休以后，他始终把党和群众的利益放在个人利益前面，一心为公，一身清廉。

退休后，杨善洲主动放弃在省城安度晚年的机会，要求到家乡施甸县大亮山带领群众种树。为了方便他进城办事，全家借了5万多元钱在施甸县城附近盖了一所新房。房子盖起后，妻子和杨善洲商量，让他凑点儿钱帮孩子们还账。杨善洲东挪西凑，才勉强拿出9600元。为了不拖累孩子们，杨善洲做主把盖好没多久的房子给卖了。有好几年，杨善洲一直住在临时搭的窝棚里，栉风沐雨。在他的积极努力下，逐步建成了占地面积约5.6万亩的大亮山林场。2009年4月，他将活立木蓄积量（指一定范围内土地上全部树木蓄积的总量，包括森林蓄积、疏林蓄积、散生木蓄积和四旁树蓄积）价值超过3亿元的大亮山林场经营管理权无偿移交给国家。

杨善洲在担任保山地委书记期间，忙得连女儿的婚礼都没时间参加，女儿想搭乘一下爸爸的便车，他都不肯；地委一位阿姨送给女儿三棵甘蔗，他坚决要求退还人家；为了其他同志的工作及事情，他可以拉下老脸去求情、去争取，但是妻子与女儿都符合“农转非”的政策，他却把申请表格锁进了抽屉一直不办，他心里想的是当时大多数局长、科长的家属都在农村，自己的家属不能先安排自家人。二女儿杨惠兰初中毕业后想去参加县上招工考试，但由于仍是农业户口，不符合报考条件，她就想让父亲找找人帮她转成城镇户口，没想到父亲断然拒绝了。后来，杨惠兰到乡下做了代课教师，与其他代课老师一样通过考试转正，之后又苦读两年取得了中师毕业证，至今一直在施甸乡下小学教书。而杨惠兰的母亲和大姐，一辈子都生活在农村。

杨惠兰说："小时候总觉得他不关心家里、不关心我们，随着年龄的增长就理解了他。其实我爸爸是一个很重感情的人，他是很关心我们的。他只是把我们放在心里面，没有过多的时间照顾我们。"

深受杨善洲信赖的三女婿杨江勇说："（父亲）开始特别严肃、有距离感。当你跟他接触以后，他就像是一块磁铁一样，我就是被他这种无形的东西拽进去，理解但也无奈。"

2010年10月10日，杨善洲因病逝世，享年83岁。

回想起父亲生前对家人的"苛刻"教育，孩子们都已明白，父亲的"苛刻"其实是对家人最真诚的爱。杨惠兰在纪念父亲的回忆文章中写道："我的家庭不是名门书香世家，我家的家风家训也没有铭刻成书，但是爸爸用他自己的言行举止给我们留下了终生受用的精神财富。"

有“改”方能进

【原文】

改之一字，是学问人第一精进工夫。只是要日日自己去省察。如到晚上，把这一日所言所行底想想，今日那一句话说得不是了，那一件事做得不是了，明日再不说如此说，不做如此事了，便是渐渐都是向上熟境。若今日想，明日又犯，此等人活一百年也没个长进。吃紧底是小底往大里改，短底往长里改，窄底往宽里改，躁底往静里改，轻底往重里改，虚底往实里改，摇荡底往坚固里改，龌龊底往光明里改，没耳性底往有耳性里改。如此去读书行事，只有益，决无损，久久自觉受用。

——明 · 傅山《霜红龛家训》

【译文】

“改”是读书人首先要弄懂下功夫的字。“改”，就是每天自己去反省，比如在晚上，想一想一天的言行，今天哪一句话说得不是了？哪一件事做得不对了？那么明天就再不说这样的话，不做这样的事了。这样便是一步步向上走的境界。如果今天想不要这样做了，可是明天又犯老毛病，这样的人活一百年也不会有长进的。说到底是从小往大里变，从短里往长里变，从虚里往实里变，从不牢靠往牢靠坚固里变，从低级趣味往光明正大里变，从轻信他人往有主见里变。这样改，这样变，读书做事，只会有益处而决不会有害处的，久而久之自会有好处的。

把党小组建在家庭

陈先觉的家是一个四世同堂的大家庭，由10个小家庭、24口人组成，要管好这么一大家子人、理顺一家事的确不易。人们常说“家事乱如麻”“清官难断家务事”，陈先觉却把他的大家庭打理得顺顺当当，上下和谐。陈家24口人身份、性格、文化、志趣、爱好各不相同，但人人都保持着一颗善良平和、厚道包容的心，能数十年和谐和睦、团结幸福，自然是得益于陈老把“当好人，做好事，为社会造福，为家庭造福”的家训和“重学向善”的家风代代传承，发扬光大。

让周围人都欣羡的陈先觉的“治家奥秘”，在于把党小组建在家庭，使党员成为家庭美德建设的团结核心。陈家共有不同党龄的共产党员12名，从2000年起，陈先觉借助党员、党组织的先进性带动家庭，发挥出极大的正能量。他利用家庭聚会等机会，定期开展学习、交流、帮扶活动。从2001年起，又建立了家庭活动记录，以活动建立家庭联系，凝聚人心。2004年“七一”那天，陈家又正式成立了“家庭党小组”，一家人共同协商制订了《家庭党小组工作条例》，明确了基本任务，制定了《家庭党员守则》，提出了“七要七不要”的约定。

在陈家，除了每周的家庭聚会，还有例会要开。陈老把每周开会的内容写在小黑板上，内容从陈家治家格言，到践行社会主义核心价值观，包罗万象。3块小黑板就放在一进家门的左手边，每个子女都要仔细阅读，而且还要有专人把黑板上的内容记录下来，年底要编辑成册，写成简报向各家分发。

这样的册子，陈家已经编辑了上百本。此外，家庭党小组还连续多年编写《家庭好人好事光荣榜》，引导大家发扬优良传统，激发了全家人曾数百人次为灾区捐款捐物、奉献爱心，并积极参加单位和社区组织的节能环保绿色公益活动。

近年来，陈家在加强社会主义新型家庭建设上又逐步建立和完善了自家的新家规。一方面坚持和发挥良好的学风，抓好学习建设。陈家经常合理安排大家工作之余的时间，组织家庭讨论会、赠书、题词、看电影、放光盘、赛诗会和红歌演唱会等喜闻乐见的小活动。几十年雷打不动的学习教育，团结凝聚起全家上下一齐向上的力量，使大家牢固树立了“出门造福社会、回家造福家庭”的理念。另一方面，发挥创新精神，逐步建立起制度完善的家规。早在10年前，陈家就建立了家庭聚会与和谐共建相结合的活动制度，多年来他们坚持做到了“长计划”与“短计划”相结合。“长计划”即每年初制订年度家庭学习活动计划，提前策划安排好家庭学习活动，并雷打不动地贯彻执行；“短计划”即根据大家的合适时间，适时安排一些短期或临时的活动计划。

陈先觉老先生和老伴年事已高、行动不便，但孩子们每年至少两到三次开车拉着老两口到郊区旅游，全家20来口人、五六辆车集结在小区，成了一道固定的风景。出行时，几个儿子、女婿共同抬着坐轮椅的奶奶走在前面，女儿媳妇、孙女搀扶着爷爷跟在后面，这幅生动感人的和谐画面让左邻右舍羡慕不已。每年全家旅游合影照片都有数百张之多。

每次重要活动后，都会安排专人收集整理好各小家的影像资料，装订成册或编成简报，及时发给各家。至今，陈家的此类材料已累计达数百份之多。更加别具特色的是，陈先觉老先生亲手给7个儿女建立了个人档案，从小时候的练字本到家庭党小组发言、照片、书信、奖状等，包含了儿女人生的各个方面，并在每个孩子50岁生日时举行赠送仪式。档案内记录的每一个字、每一件事都凝聚了老父亲深深的爱。

一大家人虽然平时分散在各处，但都不忘老人多年的谆谆教诲，秉承着良好的家风、家训，人人热爱生活，努力工作，积极在各自的岗位上创先争优，努力奉献社会。聚在一起时，家人互敬互爱，谈收获、比贡献，说快乐、晒幸福，把获得的每一份荣誉都视为对这个大家庭最重的献礼。

“讲责任、讲奉献”的马广义家风

河北沧州市的老党员马广义，一家获得全国“最美家庭”称号。马老说：“都说国很大，其实一个家。我们一大家32口人，最提倡的就是讲责任、讲奉献的家风。”

马广义的家庭是由32口人组成的四世同堂的大家庭，马广义和妻子李洪芹有5个儿子，孩子们从小时候起，夫妻俩就对他们严格要求，教育他们要独立自主，勇于承担。孩子们结婚之后，都是马上自己出去过，扛起家庭的责任。对于父母的良苦用心，5个儿子都十分感动。兄弟5人都十分孝顺父母，儿媳妇也把公公婆婆当作亲生父母一样看待，一家人和乐融融。

在马广义的支持下，原本有单位的5个儿子纷纷下海经商。大儿子最先下海，也最先致富，他不遗余力地帮助自己的几个弟弟经商。多年来，5个兄弟互相帮助，二儿子做被罩生意的时候，遇到了许多困难，最严重的时候被人骗走了10多万元。马广义和几个儿子，帮助他恢复信心，渡过难关。大儿子马涌华说：“大到国家，小到个人，要想生活好，先把经济搞上去。自己生活好了，不能忘了帮别人。”

在马广义的家庭里，一直都提倡“物质文明和精神文明两手抓，两手都要硬”的原则。在马广义的牵头下，2003年7月，马家的家庭党小组正式成立。成员最初由马广义、大儿子马涌华、四儿子马涌傈和大孙子马源均组成。后来，党小组不断发展壮大，马广义的妻子李洪芹、孙子马军博和孙女马源蔚也光荣地加入了中国共产党，成为党小组的一员。党小组定期会召开会议，全家上下都要参加。在会上，大家学习党史、党章，提倡美德，发扬传统，党小组会议成为家庭成员良好的学习平台。感受到学习益处的马广义老人还自己拿出了6000多元，成立了马广义广播站，每天上午、下午各半个小时，为小区的居民广播《人民日报》等相关报纸的内容，希望大家共同学习，一起进步。

在党小组会上，马广义老人还提出贯彻低碳环保的生活方式。为了让自家的生活变得更低碳环保，马老将家里所有的灯泡都换成节能灯泡，亲自做了小标语贴在了所有开关上，提醒家人要随手关灯。洗菜的时候要先洗菜叶，再洗菜根，淘米、洗脸的水也攒起来二次利用，用来浇花、拖地或是冲厕所，最大限度节约用水。马广义还亲自在网上找了好多环保的小窍门，打印出来，贴在各家最醒目的位置上，提醒大家时时不忘环保。马广义还发现，每到夏天，家里的空调耗电量巨大，不符合节能减排的标准，他就在自家的庭院种树、栽花，把小小的院子打造成了避暑的好地方。全家老小，还有邻居们也都愿意来这里乘凉、聊天。

马广义的家庭一直保持着乐于助人的优良传统。早在李洪芹还年轻的时候，就坚持为敬老院、残疾人和特困户奉献爱心，捐赠物品。而生活富裕起来之后，两位老人更不忘对周围需要帮助的人施以援手。看到一户贫困家庭的房子出现安全隐患而没钱翻修时，夫妻俩送上1000元帮助修葺房屋。在马永军家里因为使用电器不当而失火之后，马广义组织全家捐款1万多元，帮助他渡过难关。大儿子马涌华多年来也一直向灾区和困难家庭奉献爱心，累计爱心捐款5万多元。马家一直坚持的善举在当地广为流传，提起马广义一家，大家都纷纷竖起大拇指。

马广义的家庭用孝顺、进取、学习、奉献的优良家风，凝聚成了一个平凡而快乐、积极而和睦的家庭。

“简约不简单”的家训

荣获2014年全国“最美家庭”的河北秦皇岛的居荫平、张永铭家庭，在近60年的生活中感悟出属于自己家庭的幸福法则。

居荫平出生于1931年，1947年参加革命，后来成了一名优秀的教师。1956年，居荫平与同在一所学校、比他小1岁的张永铭结为夫妇，两个人在一间只有5平方米的屋子里，组建了一个小而温馨的幸福家庭。

随后的12年里，居荫平和张永铭的5个孩子相继出生。两人负担一家7口的生活过于繁重，但是他们并没有因为清苦的生活而疏于对孩子们的教育。“一要团结友爱，二要自立，三要勤俭，四要长幼有序。”作为父母，居荫平夫妇立下的家训“简约不简单”。

在家里，居荫平和张永铭对5个孩子言传身教，从学习到日常生活的点点滴滴，贯穿的都是夫妻俩对孩子孜孜不倦的教导：不准捡别人的东西，不要随便向亲朋好友伸手，要自立自强，光明磊落……夫妻俩从不抽烟喝酒，不沾染任何不良嗜好，认真工作，孝顺长辈，乐观生活，乐于助人，热爱读书，这些都潜移默化地影响着孩子们。直到现在，夫妻二人回忆起当初一家围坐在一起读书的场景还十分怀念。现在，5个孩子早已成家立业，父母的教诲让他们在生活中受益匪浅，而他们也将这种以身作则、言传身教的教育理念不断地传承。

同为教师的居荫平、张永铭夫妇比其他人更加清楚读书学习的重要性。不管日子过得再苦，夫妻俩也没有让孩子们中途放弃学业，而是让5个孩子都上了大学。一家7口都是大学生，这在当时是十分罕见的，其中夫妻俩付出的艰辛也可想而知。看到父母如此辛苦，5个孩子也十分懂事孝顺，不但十分节俭，也懂得团结和谦让。每到学校收费的时候，哥哥姐姐都让弟弟妹妹先交，而自己则向老师求情，要求晚几天再交，小小年纪就如此为父母着想，至今想来，居荫平夫妇都热泪盈眶，为孩子感到骄傲。

等到5个孩子都成家立业，居荫平、张永铭夫妇也到了退休的年龄。1999年，已经退休的老两口被在秦皇岛工作的大女儿接了过来。后来老大决定，各家的旧房子都卖掉，一齐迁到秦皇岛，在一个小区买房，这样，一家人就又生活到了一起。五兄妹无论多么忙碌，都会经常看望父母。工作出差之后回家的第一件事也是向父母报到。每到逢年过节，一家二十几口围坐在一起，说说笑笑，真是羡煞旁人。

生活如此美满的家庭早已被街坊四邻广为学习。居老一家被秦皇岛市妇联评为了“幸福之家”，还获得了1000元的奖金。两位老人觉得这份奖金应该用到更需要的地方去，而自己所住小区的一位名叫刘飞麟的男子因患白血病不幸去世，只留下了年迈的母亲、没有工作的妻子和年仅3岁的儿子。家里主心骨的去世一下子让整个家庭笼罩在悲痛之中，得知此事，两位老人决定将这1000元的奖金全部捐给刘飞麟一家，希望他们能够勇敢地面对困难，走出悲痛，迎接新的生活。鲁甸地震受灾时，居荫平把2000块钱奖金和棉被捐了出去，并表示以后哪里有困难还会再捐。

居荫平一家用2000个日夜，谱写出他们幸福生活的幸福守则……居家的生活还将继续，他们的幸福也将不断传承下去！

一个普通家庭的“家训”与“家规”

陈恩光是山西太原市一所高校的老师、专业课程全国教学核心团队的成员。老陈常说，生活首先需要的是精神高度。每个家庭都希望自己“人和事顺，蒸蒸日上”，陈家的总体要求就是5个“至”字：至善、至诚、至健、至雅、至上，是为“家训”。

至善——家庭成员友善，与亲朋友善，与环境友善，多做善事，取德于己；

至诚——持有一颗真诚的心，以诚相待，相互支持，创建一个良好的工作、生活环境；

至健——端正健康的生活态度，粗茶淡饭，崇尚运动，不赶时髦，追求绿色生活；

至雅——将平凡的生活兴趣化、精致化，清心淡雅，扬乐抑忧。发现生活的美，让书画、弹琴、收藏成为生活中快乐的事；

至上——上进是生活中最主要的事，要努力向上，做好自己的事（学）业。

除了家训，陈家还有家规。“‘家规’听起来似乎不够人性化，但没有规矩，不成方圆，所以我们家也有几条‘规矩’，是大家都要遵守的，这样的目的是希望养成一个良好的习惯。”陈恩光说道。

老陈所说的“家规”是6个“一”：吃饭不剩一粒米，珍惜每一粒粮食，养成勤俭节约的习惯；每年一扫墓，通过扫墓活动，重温先辈的谆谆教诲，对家人及后代有很好的教育作用；每年最多看一部电视连续剧，将大量的时间花在电视剧上，家务做得少了，家人沟通得少了，身体活动得少了，时间长了就出现很多“副作用”；与亲友交往留有一定空间，既要保持经常与亲友交往，又要控制交往的节奏；吃饭一餐一杯水；楼房一天一通风，优美的环境制造点滴的幸福。

在陈家有两种本子：一种是继承先辈优良传统的册子，另一种是收集照片的影集。

老陈认为，一个家庭需要延续家族的优良传统，教育下一代健康成长。陈恩光将父亲的工作经历和优秀事迹整理成一个彩色画册——《父亲百年，一代楷模》，将纪念父亲的文章集成《百年有感》一书，激励家人不辜负先辈希望，为社会做出应有贡献。老陈还利用业余时间，完成了陈氏家族的家谱——《南社陈氏家谱》，整理出陈氏家族近600年来的变迁经历和26代世系表，受到族人好评。

陈家的影集也非同一般。影集经过加工，制作了若干专题集。家庭类分为女儿集、两人世界、家等；旅游类分为本市、省内、省外、春、夏、秋、冬等；专辑类分为岁月集、同学集、同事集、交通工具集等。这些专题影集，使大家欣赏时更有趣味，更加赏心悦目。《美的教育》和《童年》则记录着孩子慢慢成长的过程。

老陈的一些教育观念在女儿身上逐步实施。比如，安静的心境便于静心学习，有选择地接受知识信息，保持孩子一定的纯洁性；学无止境的心态，低调做人，努力做事，以优秀生为榜样，走“近朱者赤”的路子；学习中善于归纳，保持完整清晰的知识结构和内容；健康的体魄来自家常便饭，不挑食，并保持足够的运动；家长的良好配合，重点在心态、情绪、方向、教育技术上下功夫，为孩子的成长助一臂之力。

女儿中考时，老陈收集了太原市7所“好”学校历年中考录取线的数据，然后用“线性规划”的方法进行数据分析和决策，帮助孩子填好志愿。2005年，女儿以优异的成绩考入重点高中；2008年，女儿被“985”名校录取；2011年，上大三的女儿提前被保送直博生。女儿不仅仅是学业上的优秀生，在课题研究、公益、摄影、游泳、音乐等方面都有良好表现。

陈恩光说：“我们不过是千千万万和美的家庭中的一员。生活美不美，关键在自己！”

黎家的蝴蝶博物馆

黎明是满族镶蓝旗人。2003年，黎明即将退休，他的工作单位是辽宁抚顺县林业局病虫害防疫站，在这个岗位上，黎明干了40年。因为蝴蝶的幼虫基本都是害虫，所以一有空闲，黎明都会抓来一些蝴蝶做标本，目的是为了研究它们的习性。

随着研究的深入，黎明越发爱上了蝴蝶："蝴蝶幼虫虽然有害，但是它们羽化之后，会带给人们美的想象，仿若精灵，点缀人间。"

为了将自己工作的回忆留住，黎明典当家产，投资近20万元，创办了东北首家蛾蝶博物馆——抚顺蛾蝶博物馆。

退休以后，黎明把更多的精力放在了蝴蝶研究和科普工作上。他时常会将标本带出去展览，借以宣传蝶类知识。

2006年儿童节，黎明一家带着几十副蝴蝶标本到某社区为孩子们展览。当天，人群嘈杂，天气闷热，黎明讲解了一天，回到家里，他突然觉得头脑昏沉，很想睡觉。趴在床上，头晕得越发厉害，枕巾掉在地上，他也无法捡起。女儿黎薇发觉父亲有些不对劲儿，要送他赶紧去医院，可是黎明竟然连鞋都穿不上了。"120"赶来，将老人送至医院，一检查，黎明患了急性脑出血。经医生抢救，命算是保住了，但是自此，黎明身体的右半部分就不太灵便了，走路蹒跚，说话含混，右手连笔都握不住。

重病如山倒，黎明热爱了大半辈子的蝴蝶贴画，再也制作不成了。黎明一度很消沉，他找不到人生的动力，仿佛一切都完了，脾气也变得暴躁，但只是很短一段时间，他又重燃了创作的斗志，右手不行，就用左手。黎明先从写字开始练习左手，他整日端坐桌前，一笔一画地写，就像小学生一样。他苦练了一个月，笔终于可以握稳了。然后他又开始重新拿起剪刀和镊子，练习剪粘蝴蝶翅膀。如今，黎明老人左手制作的蝴蝶贴画，甚至比从前还要好。

在重病期间，黎明一直思考，黎家三代相承的蝴蝶技艺，要如何传下去？他决定把自己的博物馆交给女儿黎薇，由黎薇将这门满族蝴蝶贴画的手艺发扬光大。

黎薇从小喜欢剪纸、刺绣、画画，对蝴蝶贴画更是痴迷。但是黎明担心女儿弄坏了自己的标本，根本不准女儿碰，黎薇是偷偷跟父亲学的。“那时候，我防着女儿，就像防贼一样，”回忆那段往事，黎明笑个不停，“幸亏我是没防住，要不哪有今天的‘蝴蝶公主’！”

除了日常工作，黎薇几乎把全部精力都投入到了蝴蝶标本制作与蝴蝶贴画创作上面。每到蝴蝶飞舞的季节，她都会陪着父亲到深山里转转，带上几瓶水，背上几个馒头，再加上一点咸菜，就这样，在山里走上一天。记不清摔倒了多少次，被马蜂蜇咬了多少次……如今满屋悬挂的蝴蝶，里面浸润着她太多的汗水和眼泪。

在黎家，黎薇既是女儿又是儿子。父亲病重，母亲身体也不算好，家里的体力活儿几乎都由黎薇承担。每次展览，数十箱标本，外加展架，都由黎薇自己搬上搬下。她家住四楼，办一次展览，仅仅爬楼梯一项，她就要往返20多次。

对于未来，黎薇有自己的打算，她希望能将博物馆的规模扩大，增加科普功能，并且可以把蝴蝶贴画商业化经营，以达到“以蝶养蝶”的目的。“弘扬蛾蝶文化，普及科学知识，传承非遗文化，铸就大美事业。”这是黎明一家最大的梦想。

淳美家风代代相传

1931年，樊桂英出生在内蒙古巴林左旗的一个小山村。由于家庭贫困，樊桂英从未读过书，而这也是她一生最大的遗憾。她暗暗下定决心，一定要让自己的7个孩子会识字，做个有文化的人，绝不能当“睁眼瞎”。

1962年，村里让樊桂英14岁的大女儿辍学务农，为了表示反对，樊桂英毅然决定举家搬到了离内蒙古千余公里以外的吉林省通榆县向海乡新兴村。此时樊桂英最小的女儿才2岁。由于路途遥远，搬家的过程中，差点儿将8岁的二女儿丢失。

为了能够给孩子赚学费，樊桂英和大泥、脱土坯、垒土墙、打草捆，给人当瓦匠，当长工。冬天，还要到距家20公里外的山上挖药材，天不亮就要起来，为了赶路，来不及吃饭，她揣着干粮，渴了就凿开冰面，喝带有鸭粪味的河水。

家境的困难，母亲的辛劳，懂事的孩子就商量着辍学帮母亲挣钱养家。樊桂英知道后感动于孩子的懂事，但又狠狠地批评了他们的目光短浅：“孩子们，相信我们的困难是暂时的，现在你们不去读书，那我们的穷困就是一辈子啊！你们只有好好读书，用知识改变命运。”从此以后，孩子们个个更加努力学习了。

为了方便孩子们上中学，樊桂英又举家从村里搬到了乡里。孩子们放学后和寒暑假都会上山去挖草药、捡牛粪，自己赚钱交学费。贫苦的孩子早当家，孩子们在七八岁之前要在家中照看弟弟妹妹、做饭、喂猪。8岁后，要随着母亲和大泥、脱土坯、打草捆、搂柴火。一块土坯只能卖2角钱，假期还要到三四十里外挖药材，风雨不误，平均一天所有人干得活儿加起来能赚一两元钱。

孩子们每天放学后，先要去干活儿，晚上9点以后才能吃饭睡觉，每年只有年三十和初一才能休息。7个孩子张开手，都有厚厚的老茧、严重的冻疮。

受农村学习环境限制，孩子们无法正常读高中。1980年，樊桂英再次搬家到通榆县郊区。由于没钱买房子，樊桂英赶着毛驴车拉土，一个夏天，盖起了3间泥草房。

在城里，樊桂英春秋打工，夏天卖西瓜，冬天卖鞭炮。在樊桂英与丈夫的努力下，7个子女都成了文化人。如今，在这个36口四世同堂的大家庭里，出了1个硕士、17个本科生、5个专科生，还有3名在读大学生；9人当上了公务员，2人成了军官。

樊桂英经常对子女们说："过去我们日子苦，现在我们有能力了，就要多做雪中送炭的事情。"已经80多岁高龄的樊桂英，每年，晚辈给她的钱和买的衣服，她都不舍得用，并将现金和衣服送给当年帮助过她的村民，自己却过着清贫的生活。而当她听说社区有困难户，毫不吝啬地就将自己的新衣服捐出来。

在樊桂英的教育下，全家长期资助6名孤儿。多年来，全家通过捐助、救济、资助等渠道，累计向社会无偿贡献资金达60余万元。

在这个大家庭里，平均每周有一次小聚会，每个月有一次大聚会，每次大家庭中长辈过生日时，不管工作多忙，第三代的孩子们都要集体为长辈祝寿。家族每年都会举行一次"家庭联欢会"。孩子们要把一年的工作、学业成绩向大家庭进行汇报，并非常认真地进行才艺表演，唱歌跳舞的，朗诵书画的，还有弹古筝的……儿孙们热闹地围聚在樊桂英老人的膝下。而聚会的地方，就是他们保留下来的当年郊区的老宅院，夏天老人在这里过养花种菜的田园生活，冬季住楼房“猫冬”。孩子们说，这老宅院就是爱的根据地，传播孝道的好场所。

樊桂英用自己独特的方式整整影响了三代人，在儿女子孙中培树和传承了崇文尚德的淳美家风，老人及其家庭屡获殊荣，被评为全国“最美家庭”。

谨守孝道

【原文】

《孝经》一书，曲尽人子事亲之道，为万世人伦之极，诚所谓天之经、地之义、民之行也。推原孔子所以作经之意，盖深望夫后之儒者身体力行，以助宣教化而敦厚风俗。其指甚远，其功甚宏，学者自当留心诵习，服膺弗失可也。

——清·康熙《庭训格言》

【译文】

《孝经》这部经典，全面而深刻地诠释了子女侍奉双亲的道理，是万世人伦道德的最高准则，真正可以称为天之经纶、地之道义、百姓之行为的原则。推究孔子写作这部经典的用意，就是他殷切地希望后人能身体力行，实践孝道，以辅助宣扬教化、促使民风淳朴。它的意义非常深远，功德无比恢宏，读书人应当用心诵读、学习，铭记于心，不可遗忘。

五妯娌“抢”婆婆

有人说，婆媳关系是世界上最难相处的关系。但在河南省漯河市舞阳县，83岁的赵伏妮老人却与5个儿媳相处融洽。20多年来，这个大家庭孝心凝聚、和睦相处，成为村里的一大美谈。在第一届全国文明家庭评选活动中，赵伏妮家庭获得了“全国文明家庭”的荣誉称号。

赵伏妮是舞阳县吴城镇黄庄村农民。赵伏妮养育了5子3女，曾精心照顾失明40多年的婆婆，直至为老人养老送终。赵伏妮的老伴去世后，5个儿媳妇争着孝敬赵老太，五妯娌“抢”婆婆的事在当地传为佳话。

那年春天，赵伏妮老太太在四儿子家突然不见了，全家人着急地四处寻找，后来才知道是二儿媳带着婆婆去散步了，并且跟大家宣布以后婆婆要住在她家，哪里都不去。可另外4个儿媳妇说什么也不同意，一场“抢”婆婆“大战”开始了。

在村支书的“调解”下，5个媳妇每一家抚养老太太半年，各自尽着孝道。妯娌之间暗地里有君子协议，约法三章，谁若稍有不孝不敬的言行，便取消她赡养老人的一切权利。

自从婆婆的赡养采取轮流制之后，各个媳妇都掰着指头算日子，婆婆什么时候能轮到自己家里住，提前都要做好准备。等到婆婆到来，尽最大努力可着劲儿地对婆婆好。大儿媳师荣枝怕婆婆绊倒，提前把院子收拾平整，一天三顿饭端到婆婆跟前，洗脸水、洗脚水也都给她端过去。忙完家务事就和婆婆唠家常，晌午吃过饭，搬两把椅子，坐在院里陪婆婆晒晒太阳，跟她唠唠过去的事儿。

二儿媳汪凤枝57岁了，是个细心人。婆婆轮到她家时，她总是合着老人家的心意伺候。婆婆几次生病，她都是蹬着三轮车带婆婆跑几里地看病。凤枝说，骑电动车跑得太快，老人坐在后面不舒服，也不安全。隔三岔五，她还带着婆婆到镇上卫生所检查身体、量量血压。每次检查完身体，凤枝把矮木椅放在三轮车后面，让婆婆坐上木椅、手扶着车边，她在前面使劲儿蹬车，两人说说笑笑就到家了。

三儿媳刘朵也有60岁了，家里有一个女儿一个儿子，女儿已经结了婚，儿子还未婚。一大家的事很琐碎操心，但刘朵还是合着婆婆的心意照顾。一天三顿饭，第一碗饭从来都是先给婆婆的，这条家规一直没变过。烧菜的时候也尽量把菜烧得烂一些，让婆婆嚼得动。婆婆爱干净，刘朵就经常给婆婆洗头、洗脚、剪指甲。没事时，她经常给婆婆讲些村里村外的新鲜事。

47岁的四儿媳阚玉香最有耐心。人老了说话都爱啰唆，全家人谁也不能在意，都要顺着老人的意思。凡是婆婆喜欢的，尽可能顺她的心。尤其在吃饭上，尊重老人的爱好，变着法儿给婆婆改善伙食。冬天屋里冷，玉香就为婆婆铺上电热毯。怕老人不习惯，她先试试凉热，等被窝暖和了，再让婆婆休息。

婆婆爱看戏、赶庙会，只要天气好，邻村一有庙会或是唱戏的，五儿媳张淑梅就蹬着三轮车带着婆婆去看戏。怕婆婆口渴，淑梅出门总是带上一大杯白开水。到了庙会，淑梅给婆婆买油馍、胡辣汤、豆腐脑、小金橘……凡是婆婆喜欢吃的，她都大兜小兜地买给婆婆吃。用她的话说，老人年纪大了，活一天就要让老人舒坦一天。

媳妇们说："能把老人每一天、每一件小事都做好了，就是尽了最大的孝心。"赵伏妮老人的儿子们都出去打工了，她平常跟媳妇们住在一起，对媳妇们的孝道非常满意，认为自己很有福，村里人都羡慕这位有福气的老太太。

“是婆婆的行动影响了俺们。”谈起孝行，五妯娌总爱夸她们的婆婆。过去年景差，家里人口又多，赵伏妮家曾是全村最穷的。赵伏妮不光操持全家的生活，还悉心照顾双目失明的婆婆40多年，直到终老。赵老太太当年对自己婆婆的孝行，终于在后来得到了自己儿媳妇们的回报。

互助孝老的家风在赵伏妮家一代代传承着。从儿子、儿媳，到孙子、孙媳，再到重孙子、重孙女，没有一个不懂事不孝顺的。有一段时间，老太太身体不舒服输液时，不到2岁的重孙子硕硕居然主动帮太奶奶提尿盆，这事让老太太欣慰了很久。

孝敬之心会在这个最美家庭一代代传递下去。

一个普通家庭的《家报》

走进冯树凭家的客厅，最醒目的就是19卷《家报》的收藏夹和装订成册的6部《家报》合订本，字里行间记载着冯家的故事、冯家的温馨。

冯树凭家庭，是一个由祖孙四代、7个小家庭组成的幸福大家庭。20多年来，他们坚持以办《家报》为桥梁与载体，建起了坚守家和、追求卓越、争做奉献的良好家风。

冯树凭曾是军人，在青藏高原工作十多年。“父亲离休后曾说过，教育子女成长是父母一生的功课，永无‘下课’之时。”冯树凭的小女儿冯爱东说，为教育子女，26年前，父亲提议办一张家庭小报，把家庭的好品质传承下去。就这样，有冯家标志的《家报》1991年6月30日诞生了。冯树凭撰写的创刊词第一句话就是：“为促进家庭精神文明建设，教育好下一代，特办此家庭小报。”

为办好《家报》，冯树凭自学电脑。他就像个小学生一样，从汉字输入开始，一板一眼地学。有一次，他在图像处理上卡了壳，晚上10点多打了1个多小时的电话向人请教。第一份《家报》整整花了一个多月的时间才办好。现在冯老先生已经八九十岁了，但在文字输入、图像处理、编辑排版等技术上毫不输给年轻人。冯树凭常说：“没有不学就会的东西，也没有学不会的东西。”

《家报》的一条主线就是坚持表扬，对全家每个人的优点及时记录。谁家的孩子考试成绩好，哪家子女孝顺长辈，买了件有意义的用品，谁在工作上得了奖状等，无论大小事，《家报》都会及时报道；2008年为汶川受灾群众捐献，冯树凭电话“采访”每家，记录下大家庭捐献3040元和“特殊党费”8500元。《家报》每年都会刊登评选的家中十件大事，每个家庭都榜上有名。

冯树凭、罗巧珍夫妇认为，稳定，是家庭生存的基础；和睦，是爱在生活中的体现；和谐，是手足之情的新境界。他们重视教育，除要求孩子记日记外，在孙子、外孙、外孙女过各自10周岁生日时，都要亲自为他(她)们制作一本《十岁生日纪念册》，将他们10岁前的照片、表现、奖励、希望，开设专页。他们重视激励，每月发给4个孩子“奖学金”，以鼓励他们“好好学习，天天向上”。“奖学金政策”不仅为孩子们提供了资助，使孩子们感到家庭的温暖，又让孩子们从小看到公平、公正的家风，从而激发进取的积极性。

二老表示，“负轭老马绝不松套”，还要继续办好《家报》，让全家人从中得到更大的激励。

十多年从未间断的“家庭春晚”

浙江省衢州市衢江区樟潭街道的胡金凤老人已是93岁高龄，育有9个子女，现在9个子女都有了自己的儿孙，变成了43口人。全家人团结互助，尊老爱幼，亲密无间，尽管人口众多，却没有争吵，没有纠纷。举办了十多年的“家庭春晚”从未间断，每一年儿孙们都是各展才艺，热闹温馨。

“堂堂正正做人，勤勤俭俭持家”，这是胡金凤老人的家训。胡金凤老人年轻的时候，一家11口人住在一所又小又旧的房子里，尽管有9个孩子，生活拮据，胡金凤夫妇俩仍坚持把每个孩子都送进学校。为了能让孩子读书，身为木匠的父亲要多做很多工，从早到晚，很少有休息的时候。虽然生活艰难，夫妇俩还是把父母接到家里同住，只为了更好地照顾老人。耳濡目染，现在9个子女也按照当年的样子照顾老母亲。在这个家里，家人间没有红过脸，夫妻间不曾吵过架。

如今，9个子女继承了这一优良传统。2013年，胡金凤老人因脑梗死不能走路，有时候出现大小便失禁，子女们都毫无怨言，没有推诿，无论谁值班，都会把老人身体擦洗得干干净净。

在胡金凤家，6个女儿都是母亲的“小棉袄”，知冷知热，母亲有事，姐妹们齐刷刷地回来帮忙。不仅儿女孝敬母亲，儿媳女婿也都视胡金凤如自己母亲一样。大儿媳每次回家都把婆婆的衣物被褥带回家洗，每次回来都要和婆婆挤一张床睡。

在老伴去世后，胡金凤不舍得离开老家，9个早在城里安家的子女排出了一张值班表，每天驱车10多公里，轮流陪伴母亲。世界上最好的爱就是陪伴，这一坚持就是13个年头。

每逢过年，胡金凤的家里总会热闹非凡，一张张大红“福”字贴在窗上、门框上，43个家庭成员都会从北京、上海、杭州等地赶回家，参加“家庭春晚”。歌舞、击鼓传花、书法表演……四世同堂，自编自导自演，轮番登台献艺，献上一台精彩的“家庭春晚”，10多年来从未中断过。

晚辈向长辈拜完年之后，家庭春节联欢晚会就开始了。“家庭春晚”已经举办十多届了，节目丰富多彩，有合唱、二胡、古筝表演、抢凳子、独唱、“萝卜蹲”……每年的春节联欢晚会的主持人都是胡金凤老人的孙子苏醒，他在堂前指挥，其余的人沿着板壁分三面围坐，上横头摆放着音响设备。随着阵阵音乐的旋律，一条布艺蛇在众人中间流动，音乐停放时，布艺蛇在谁的手上谁就要出一个节目。人人都有精彩节目，个个都有拿手绝活儿。

子孙满堂，承欢膝下，胡金凤尽情享受着天伦之乐，没有舞台的春晚却胜过所有华丽的舞台，团聚的浓浓亲情最是美丽动人。

当代“窦燕山”蔡笑晚

浙江省温州瑞安市的蔡笑晚之家，恐怕是大多数父母都艳羡不已的：大儿子蔡天文，康奈尔大学博士毕业，现为宾夕法尼亚大学最年轻的终身教授之一，兼担任美国国家基金会的审稿工作；二儿子蔡天武，14岁时成为中国科技大学的少年大学生，19岁考上李政道主办的CASPEA留美博士班，25岁时从罗切斯特大学博士毕业，曾任华尔街基金经理，现为美国高盛公司副总裁；三儿子蔡天师，北京外国语大学毕业，曾被美国圣约翰大学录取，现在国内发展；四儿子蔡天润，华西医科大学医学系毕业，曾被美国阿肯色州立大学录取为博士生，现在上海筹备私立医院；五儿子蔡天君，中国科技大学硕士；小女儿蔡天西，18岁成为麻省理工学院博士生，28岁时成为哈佛大学最年轻的副教授，30多岁时被聘为哈佛大学终身教授。6个子女中，5位博士1位硕士，真可谓是硕果累累。

孩子们小时，蔡笑晚的家境比较艰难，一家人住在九里村一间租来的百年老屋里。16平方米的两层楼，楼下是店堂，楼上是一家8口的卧室兼书房。在这么简陋的房间里，蔡笑晚在墙壁上贴着爱因斯坦、居里夫人、牛顿等科学家的画像。他经常给孩子讲述这些科学家成长的故事，以此来激励孩子。每天夜幕降临，全家人围坐在灯下，蔡笑晚看专业书，孩子们读课本，成为雷打不动的习惯。

蔡家有个特殊的“物质”奖励法。6个孩子每人一张纸，制作一个“存折”。这个“存折”存的不是钱，而是孩子们的学习成绩和一点一滴的进步。比如，蔡笑晚出一个题目，让孩子去做，谁先做出来，就给谁奖励。当时读高中的大哥没做出来，读小学的小妹却想出了答案。于是，小妹的“存折”上就多了五毛钱的奖励。逢年过节，孩子们就把“存折”上的数字兑换成现金，高高兴兴地挑选自己喜爱的东西。这不仅给了孩子们一种成就感，还培养了他们的理财能力和节约花钱的习惯。

古有孟母三迁的故事，蔡笑晚为让孩子有个好的学习环境，先后搬了4次家。蔡笑晚说他的“教子魔法”就是要孩子尽早接受教育，抢抓孩子零岁到人生各阶段的成才关键期，把握教养黄金期。

教子成才确实是一门精致入微的艺术和学问，有很多方法和技巧。蔡笑晚把育子经验和体会概括为5个要点、4个注意、3个关键词、1条秘诀。

5个要点：教育要有爱；要快乐；要与孩子保持密切沟通；要先教孩子做人；最关键的一点是要坚持，有坚持不懈的精神和执着追求的恒心与毅力。

4个注意：要注意走适合于自己的路；父母双方必须全力合作；父母要为孩子抓住每一个关键点；家庭教育必须与学校教育密切配合。

3个关键词：早期教育、从小立志、自学能力。

1条秘诀：有梦想就会有奇迹。

“把父亲的角色当事业来经营”是蔡笑晚常挂在嘴边的一句话，而他的事业还远远没到结束的时候。

传承延安精神不会有终点

在“曹凯延安精神教育基地”，每一片纸张都有自己的使命，或承载党章党史，或书写家风家训，或是一篇篇讲稿和调研资料——这些纸张无不凝结着陕西省安塞县88岁老人曹凯的心血。

曹凯出生于1928年，16岁参军，1948年入党，曾先后担任乡长、区委书记、县委宣传部长等职务。一路走来，他见证了新中国的一步步崛起，也将延安精神融入自己的血液中。曾参加过延安保卫战的曹凯说：“那时候，我们在战场上拼杀，誓死保卫延安，靠的就是延安精神，这是无数革命者用生命和鲜血捍卫的一种精神。”

230余篇讲稿、240多万字的宣讲内容、3000余场讲座、300万人次听众、15000余公里的行程……记录着曹凯老人传承延安精神的每一步。2013年，85岁的曹凯已经义务宣讲延安精神23年了，他逐渐有些力不从心。“年龄大了跑不动了，咋样才能不用四处奔波就能将延安精神传承下去？”看着自家无人居住的老宅，建一所固定宣讲基地的想法跳出脑海。

曹凯先后召开了三次家庭会议进行讨论，并拿出自己多年来省吃俭用攒下来的60多万元，加上三个儿子凑的30万元，把一个荒芜的小院变成了延安精神的义务宣讲基地，并将其命名为“曹凯延安精神教育基地”。教育基地共分5个展室，主要宣传毛泽东、周恩来、朱德、刘志丹、谢子长、习仲勋等老一辈无产阶级革命家的风采和事迹。

自从宣讲基地建成以来，这里就成了全国各地群众接受精神洗礼的地方。每天一早，曹凯都会沿着墙外弯曲的坡路走进小院，在这里读书看报，了解党和国家的最新时事和政策，也等待着一批批的参观学习者。曹凯说：“不管是谁，不管是几个人，只要有人来，我就讲！”

让曹凯欣慰的是，延安精神宣讲已经开始在家庭里生根发芽。“留钱不如留精神”，他给子女的爱是另一种爱。曹凯的家庭是一个有44口人的四世同堂之家，家庭成员中有党员13人，家庭成员先后荣获中央、省、市、县及单位各级各类奖励200多次。曹凯的孙子正是受到了爷爷的影响，专门购买了党史的相关书籍，在单位组织党员开展学党史的活动，并定期举办读书报告会。

家人的这些成绩，得益于曹凯对家风的重视。每逢节假日，曹凯都会将子女们召集到一起，考察他们对国家政策的把握，并以自己的亲身经历指导他们在工作中遇到的问题。每隔一段时间，家里的党员必须手写一份心得体会，以此来考察他们对党和国家各个时期重点工作的认识。

曹凯家庭荣获2016年全国“最美家庭”称号。习近平总书记对曹老的模范行为给予极大肯定，他指出：“像曹凯同志这样的老干部全国各地都有许多，他们坚持活到老、学到老、改造到老、奉献到老，这种境界和追求很值得发扬光大。”

“小家”和睦带动“大家”和谐

16口人，四代同堂，兄弟至今不分家，同吃同住，协力创业致富……广东省的林义鸿一家在汕尾被很多人所称道。

林义鸿父母都是广东省海丰县第一届人大代表，已经去世的父亲是退休干部，母亲是退休工人。林义鸿是广东省政协委员，妻子黎丽琼是汕尾市政协委员和广东省妇联第十一届执委。由于家庭和睦，他们一家早就成为汕尾人传颂的家庭典范。

十几年前，林义鸿的父亲因病不能下床，生活起居都由林义鸿兄弟、媳妇相互护理，他们从没因为谁照顾的时间长一些，付出的精力多一些而产生矛盾。直到2013年父亲含笑而终，大家都说老人家是享有“五福”之人。

重视家庭成员思想教育和品德教育，是林义鸿家庭的传统。林义鸿父亲在世时，一直定期组织家庭成员开展学习和思想汇报座谈会。父母对家庭成员要求高，教育孩子要做思想好、品德好、行动好的“三好学生”，坚持学习，做到遵法守法，不犯法。因此，全家都成为遵守社会公德、勇于付出的好公民。

1988年，林义鸿兄弟共同创办了汕尾市美顿食品有限公司。他们守法经营，勤劳致富，企业稳步发展，为当地的社会经济做出了一己贡献。由于企业重视文化建设，积极履行社会责任，流传出不少关爱员工的感人事迹。2013年，林义鸿还被评为“全国关爱员工优秀民营企业家”。

从小家庭和睦共处做起，再到“小家”帮助带动“大家”，多年来，林义鸿一家坚持行善回报社会。他们出钱出力修路和配置公共设施，建立和谐友好邻里关系，社区居委会甚至尊称林义鸿父母、兄弟为“乡贤”、致富能手、调解达人。一些邻居说，林义鸿家喜欢主动帮助调解和化解他人的家庭矛盾，经他们调解的矛盾常常大事化小、小事化了。曾有一对夫妻，由于家庭经济状况引发家庭矛盾，林义鸿知道情况后主动上门调解，帮助他们重新调整经营方式，逐渐扭转经营状况，最终提高了经济收入。

20世纪90年代，林义鸿一家在城区福利院资助6个孤儿，负责他们的生活和学习费用，并承诺支持他们到大学毕业。此外，他们结对扶助十几位单亲贫困小孩的学费，在汶川大地震赈灾活动中，林义鸿不但率领家人带头捐款，而且在市区妈祖文化广场冒雨连续组织了3场烛光祈祷晚会，晚会吸引近万人次参加并捐款。不完全统计，林义鸿全家对社会公益事业捐款超过500万元。

林义鸿说，坚持做好慈善也是在完成父亲的遗愿，“2011年下半年，父亲在病重时还亲手抄下‘八荣八耻’内容，复印出来送给家庭成员和亲友，要大家认真学习。同年12月30日，他在临终前写下‘兄弟团结一条心，艰苦创业众人钦。子孙孝顺是天质，歌功颂德报君恩。积德恕必行，家和万事兴’的嘱托。父亲还勉励我们要继续做好慈善，报效国家。”在这样的家风影响下，这个大家庭里的成员都成为积极进取、热心公益的好公民，这个大家庭也成为传承中华民族美德的文明示范家庭。

让井冈山精神传承下去

在革命圣地井冈山，提起80多岁的毛秉华老人，无人不晓。毛秉华出身于革命家庭，父亲是苏区干部，哥哥是革命烈士。正是这样的家庭背景，让毛秉华从小就受到了革命的教育和熏陶，使他从骨子里热爱井冈山革命历史。

1968年，毛秉华调任井冈山革命博物馆馆长。从那时起，他就开始收集井冈山斗争史料，为宣讲井冈山精神积累第一手资料。毛秉华的心脏做过搭桥手术，但为将井冈山精神发扬光大，他走上了47年如一日的义务宣讲之路。他义务作井冈山精神宣讲报告1.5万余场，每年讲课300多场，听众累计达220万人次。

毛秉华讲课有4条自律原则，即“不接受宴请、不收取讲课费、不参加当地安排的观光旅游、不收受任何礼品”。他还先后主编发行了《井冈山革命故事选》《井冈山人物》《天下第一山》等著作，取得了良好的社会反响，尤其是《天下第一山》一书，发行20多万册。

1989年，毛秉华从井冈山革命博物馆馆长的岗位退下来，离休后，他并没有居家养老，而是一门心思扑在收集史料上。他独自一人跑到湘赣两省边界各县的农村搞社会调查，还到北京、广州、赣南、闽西、长沙等地拜访老红军及其亲属，收集了大量的革命文物和历史资料。如今，他收集的这些珍贵文物和史料，分别陈列在井冈山革命博物馆和井冈山革命烈士陵园。妻子熊瑛从没有抱怨过丈夫，一直默默支持着丈夫的事业。

毛秉华家庭共有10位家庭成员。对待孩子的教育，毛秉华夫妇态度一致，那就是要求子女“踏实做人、勤奋工作、回报社会” 。毛秉华和熊瑛认为，父母是孩子的榜样，只说不做是起不到什么作用的，在平时的子女教育方面，他们更注重身教。毛秉华夫妇的言传身教，用红色传承筑起了一个幸福的家。他们的儿子熊敏在江西省委党史研究室工作，撰写的剧本《共和国之魂》荣获全国“五个一”工程奖；2010年，熊敏荣获全国党史“双先”称号，受到中央领导的接见。他们的女儿熊妮连续3年荣获江西吉安市“先进工作者”称号。

毛秉华夫妇还情系下一代，多年来，他们先后为15所中小学筹资1100多万元，解决了这些学校的危房改造、校舍扩建、道路不通等问题，帮助300多位家庭贫困学生继续上学。

毛秉华先后获全国“五好文明家庭”标兵、全国优秀共产党员等光荣称号。他的家庭也荣获第一届全国文明家庭称号。毛秉华说：“能获得全国文明家庭称号，这是党、是国家给我的无上荣誉，是对我的关心，我一定会继续将井冈山精神尽我最大努力传承下去。”

雪域高原上的最美民族之家

薄金清的老家在河北省石家庄市灵寿县。1956年，为响应国家号召志愿入伍，1959年3月，随军进藏。在西藏这一待，就是大半辈子。

薄金清的老伴儿巴桑是土生土长的拉萨人。1959年从陕西咸阳民族学院毕业分配到西藏自治区气象局工作。同年8月，薄金清转业到了气象局，两人就这样认识了。1960年国庆节，两人正式步入婚姻的殿堂。至今，这已是一个有2个重孙、18口人组成的幸福美满的民族团结大家庭。“老头是汉族，但是对西藏的生活习俗比我还熟呢！”巴桑老奶奶说着，脸上溢满幸福的笑容，“从结婚到现在，每天早上他都打好酥油茶，准备好糌粑等我起床。现在老了，也会陪我一起去锻炼，从来不嫌麻烦。”

说起回族的二女婿马吾德，二老常常夸赞。2008年，巴桑重病昏迷，二女婿赶来抱着母亲就往车上跑，到了医院又把巴桑抱下车。随后照顾卧床的母亲，马吾德更是尽心尽力。

每逢节假日，全家人齐聚一堂，其乐融融，欢笑声总在小院的上空回荡。和别的家庭不同，薄金清的家每年要过3次新年。一到春节、藏历新年，全家依照传统习惯放鞭炮、贴春联、摆切玛、吃古突。古尔邦节时，薄金清和老伴儿都要准备一些清真的牛羊肉和糕点，全家人一起吃。

在孩子们小时候，那个年代还很艰苦，为了维持一家人的生活，薄金清夫妇俩在八一农场附近开荒种地，种土豆、种白菜，没有肥料，就到拉萨街头拾粪给地添肥，生活很艰辛。薄金清夫妇俩用坚忍不拔的意志一直影响着自己的子女，将这种精神和担当作为每个人的行为准则。薄金清的二女儿薄金梅在医院工作。有一次，从牧区来了位重症病人，病人家庭十分困难，家属因为一时间凑不出治疗费用而急得手足无措。薄金梅见状，马上掏出钱为病人先垫付了医药费，使病人得到了及时救治。薄金清的孙女晓月在家里人的言传身教下，也经常利用寒暑假的时间，定期到孤儿院去帮助那里的孩子，还用自己的零花钱给他们买文具、买衣服。对子孙们的教育，薄金清从不懈怠，从吃饭、走路、倒茶教起。“有客人来了要打招呼，和长辈说话要用敬语，给人倒茶要慢慢地、轻轻地，即使是给自己的父母、哥哥、姐姐倒茶也一样。”这些规矩，薄金清夫妻俩都要一一教给孩子们。

勤俭是中华民族的传统美德之一，薄金清时常教导孩子：“虽然现在的生活条件越来越好了，但是勤俭持家的传统不能丢，生活中点点滴滴要从每件小事做起。”他们的重孙有时吃饭时把米粒掉到了桌子上，小家伙都要捡起来，还自言自语道：“不能浪费粮食，粒粒皆辛苦。”家里面的每样东西能修复利用的，从来不轻易地丢弃，尽量使其再发挥作用。平时做到人走灯灭，养成随手关灯的良好习惯，注意节约每一度电和每一滴水。这一勤俭节约的意识已深入到家庭每一个成员脑海之中，并成为全家人一种良好的生活习惯。

薄金清家的18口人，每人都有自己的个性特征；全家人有3个民族，每个民族都有自己的风俗习惯。但是他们有共同的生活信念：团结、友爱、善良、勤俭。所谓求同存异就是这样，每个人都有自己的空间，整个家庭也有统一的价值观。这样的家庭才能和谐，才能成为最美大家庭。

从薄金清入伍进藏，到现在已经有50多个年头了，西藏各民族之间的深厚情谊让他深为感动。薄金清经常对儿孙们说：“家和万事兴，我们国家56个民族就像56个兄弟姐妹，兄弟姐妹们团结在一起了，什么困难也难不倒我们，民族团结了，国家也就富强了。”

“学雷锋”家风代代传

“呼秀珍雷锋式家庭”是一个普通而不平凡的家庭，全家有5人是省部级劳模和先进工作者。

72岁的呼秀珍，是陕西咸阳道北中学退休返聘的特级教师。至今，她依然风风火火，像过去49年一样在教学岗位上发光发热，没请过一天病事假，没耽误过学生一节课，没放弃过一个调皮学生，没收过学生补课费，只要哪里需要，就会出现在哪里。呼秀珍受到学生与家长衷心的爱戴和信赖。

中小学班主任工作平凡、琐碎、辛苦、劳累，更重要的是有操不完的心。但是呼秀珍说：“我热爱班主任工作，我站了一辈子讲台，在道北中学的27年里，所带的27个班级均被评为省、市、校优秀班、文明班、标兵班。”她从教的秘诀是爱工作，舍得下功夫。对教学，她“不马虎、不应付”，甚至不写一个潦草的字。为了架起学校与家庭之间的桥梁，她在1988年创办了《好家长》简报，亲手排版、撰写内容，简报上有学生在校情况、班内简讯、家长建议等，每两周一期，呼秀珍坚持了16年。

“爱学生是每位老师必备的情感品质，离开了‘爱’则一事无成！”呼秀珍常对年轻教师说，“教育如一架车床，教师便是车刀，教师对学生的爱心，则是那车刀的动力源。”爱学生，怎么爱？呼秀珍说，对好学生要从严要求，爱得长远；对中等生要不断鼓励，步步推进；对“调皮”学生要以诚相待，宽容耐心；对特殊生要处处体谅，悉心关怀。

为了了解每个学生的基本情况，呼秀珍要经常进行家访。走了多少学生的家，她记不清了。她只记得，由于经常带着女儿家访，有时在家访路上，女儿就在她背上睡着了；有时，她只顾和家长说话，自己的两个孩子就累得在人家床上睡着了。

呼秀珍的父亲是1934年参加革命的老党员、老劳模。父亲对党的忠诚及良好家风，深深影响了呼秀珍和她的家庭。半个世纪以来，雷锋精神在这个家庭代代传承。老人经常教育引导家人：要努力工作，奉献社会。

呼秀珍的大女儿郭巧是全国优秀民警及全国公安系统爱民模范。她一直记着母亲的教导：学雷锋首先要爱岗敬业，做好事一定要做好分内工作。郭巧一走上公安岗位，就挂出了“每周二、四、五晚办公”的告示牌。这项服务一坚持就是7年。她在户籍内勤岗位上，在工作中摸索出一套“户政窗口服务法”，在全省得以推广。她任派出所教导员时，建起“郭巧爱心警务室”，又倡议成立“志愿者服务队”，现有队员300余名，为辖区220余户孤寡、空巢老人、孤残人员、留守儿童、服刑人员子女等排忧解难。从警20年，郭巧用爱心帮助了许多人。

呼秀珍的小女儿郭灵是部队医院的护士，在津贴只有几十元的情况下，她仍然不忘照顾孤寡老人，为“希望工程”和“世界第四次妇女大会”捐款。在解放军307医院当护士时，她总结出“郭灵护理法”，被推介到军地多家医院。调至老干处工作后，郭灵的私人电话成了服务热线，经常在下班后，还主动上门为行动不便的老人们办理业务。在政治部工作时，郭灵经常组织“学雷锋义诊”等爱民活动。她先后7次受到部队嘉奖，6次被评为优秀士兵、优秀学员、优秀班长，2011年荣立三等功。

呼秀珍的大女婿忠于职守，被评为“陕西省交警系统优秀民警”。小女婿工作业绩突出，两次荣立三等功。呼秀珍的弟弟呼兰中是陕西省劳动模范，弟媳苗淑梅是原纺织部“优秀设计工作者”，他们还坚持9年帮扶一个新疆维吾尔族孤儿长大成人。呼秀珍的外孙女岳亮是“咸阳市优秀少先队员”，不但成绩优异，而且关心他人，经常到咸阳市特教学校和敬老院帮助聋哑儿童和孤寡病残老人。

雷锋精神，在这一家三代中用爱升华，代代传承。

16万字家书传承好家风

1946年，娄跃文出生在吉林省辽东县足民乡的一个小山村，1968年来丹东当兵，从此与家中亲人分居两地。是年，母亲去世，此后父亲艰难拉扯6个孩子长大。1991年，父亲患病卧床，弥留之际，对娄跃文说："你是老大，要带好兄弟姊妹，让他们走正道啊！"父亲的殷殷嘱托深深刻在娄跃文的心里。

长兄如父，娄跃文深感重责在肩。料理完父亲的后事，娄跃文返回部队。"该怎样带好这个家呢？"这个问题一直在他脑海中萦绕。中国有句老话叫作"见字如面"，娄跃文想到了家书。

娄跃文寄出了第一封家书。信中，他希望弟弟妹妹能够尽早从丧父的悲痛中走出来，并与他们讨论了如何教育下一代的话题。

写家书认真，读弟弟妹妹寄来的家书，娄跃文更是专心致志。他不断从文字中寻找弟弟妹妹心理的"蛛丝马迹"，了解他们的生活动态，揣想他们可能遇到的问题，有的放矢，帮助他们分析，试着给出解答。

一个弟弟家的儿子迷恋网络游戏，父子关系一度闹得很僵。娄跃文接连给弟弟和侄子写了10多封家书，动之以情、晓之以理。最终，在他的"家书攻势"下，侄子逐渐远离了网络游戏，父子关系得到很大改善。

大儿子上了大学后，娄跃文写家书，对他提出"求真、务实、恒力、勇健"的要求。或谨严，或开明，或写信，或言教，不论方式、态度如何，用娄跃文的话说，他的家风塑造就是20个字："爱国、睦邻、和家、敬老、护幼、依德、守法、进取、学习、改错"。

丰富的生活阅历、工作经验，加上平素掌握的大量知识，为娄跃文在写家书时提供了许多素材。他的每封家书都会根据对方的年龄和知识层次设定，并围绕一个主题展开来写，几个相关主题形成一个系列，潜移默化地在精神上引领家族成员在正确的路上行走。

娄跃文的家书也从一开始的一两页，到后来的每封3000多字。有对兄弟姐妹如何经营家庭的意见，有对晚辈读书和婚恋观的启发。娄跃文调动起了家族成员共同参与家风建设的热情，以“润物细无声”的方式为家人送上了精神大餐。

如此严谨的家风，让娄跃文一家父子、婆媳、兄弟、儿孙关系都分外和谐。全家人在他的言传身教下，儿孙们都在各自领域开辟了自己的一番天地。在高中任教的大儿子为人忠厚，虚心好学，做事一丝不苟，已是学科带头人；二儿子从一名基层交警做起，为人谦虚，恪尽职守，工作勤恳，踏实苦干，被评为市劳动模范、全国优秀人民警察；大儿媳是社区党委书记，平时孝敬老人，工作认真负责；二儿媳是一名医生，仁心仁术，患者交口称赞；孙子、孙女青出于蓝，都顺利考入了重点高中；远在吉林的族人也都工作顺利，生活美满。

2013年，娄跃文将16万字的家书集结成册，出版了《家风路述函》一书。书中收录了自1991年以来，他写给亲人的百余封家书、自创的家风诗词等。印刷的300多册书籍，大多分送亲友，娄跃文说：“这是我的家风传承的一部分。将来，人走书在。”

“我的家风的理想目标就是‘分而不散，远能近处’，现在基本上做到了。”但娄跃文仍不满意，他想再多做一些事情。正如他在一首叫《再进取》的诗中所表达的心声：“未求得荣达，时代正风夸。誉高更知短，进取报国家！”

“重庆第一大家庭”的传家宝

在重庆市武隆县羊角镇大山深处的黄氏家族如今已是五世同堂，被誉为重庆“第一大家庭”。黄家五代120余人同堂，在93岁高祖母杨兴明的带领下，传承百年家训，是十里八乡引以为傲的百年世家。

从20世纪40年代杨兴明嫁入黄家起，《黄氏家训》就成为她孝老持家的准则。

《黄氏家训》传世百年，共128个字，其核心为“忠、孝、勤、德”，家训内容涵盖励志勉学、治家教子、修身处世、慈孝婚恋等方方面面，安家、持家、兴家、传家、守家的基本要求和行为准则,更是血脉同源的精神纽带和价值坐标，激励子孙将自己的青春奉献给党和国家。

20世纪40年代，杨兴明自己的6个孩子年纪尚幼，孩子们饭都吃不饱，正是自顾不暇的时候，但她仍毅然收养了年仅3岁的胡庶发。杨兴明对胡庶发视如己出，供他念书，直到成年参军。

黄继财在杨兴明的教育下，18岁习得医术后便扎根山里，治病救人。有困难的乡亲前来看病，他不仅不收诊费，还留人吃住、给钱救济，这一坚持便是50多年。

黄春红回忆说，从儿时记事起，曾祖母杨兴明常拄着拐杖给他们讲故事，教他们背诵家训。曾祖母说，《黄氏家训》是黄家高祖写的，曾祖费了好大气力才完善传承下来，家风家训就是“传家宝”，是黄家的精神的结晶，忽视家风，家就会出问题。

黄氏家训里有一句“子孙若败家风，当讨之。”在黄家，若是谁违背了家训，就会受到亲族的“声讨”。第三代孙辈里曾有一人沉迷于赌博，家人多次对他劝说无果，杨兴明就召集家庭会议，长辈们聚在一起给他上了一堂“家教课”。在一家人的劝说下，这个人已经不再打麻将了，而是脚踏实地地做事，这让杨兴明老人感到十分欣慰。

这些经历也教育着黄家的子孙后代，家训是人生的第一门功课，从小学好家训这门功课，让道德从小就滋养内心，就会令人终身受益。

在杨兴明老人的谆谆教诲下，黄家后人从小就接受家庭教育，不但要出口成诵，还要扎扎实实地记在心里，真真切切地用到生活中。

现在，黄家后代遍布天南海北。但是注重孝道的黄家家训从未改变。逢年过节，一大家人都会赶回老家，陪杨兴明老人聊天、吃饭，给她梳头、捶背、剪指甲；摆开条凳桌椅，规规矩矩背家训，长辈领诵齐咏，晚辈聆听学诵。

《黄氏家训》依然在教育着子孙，杨兴明老人说：“黄家的娃儿从小就要接受家风教育，尽管小时候他们不懂，但将来会影响他们的一生。”

在第一届全国文明家庭表彰大会上，黄春红代表这个大家庭发言，她说：“家训是家风的精神内核，也是社会主义核心价值观在家庭的具象表述，只有牢记在心里，才能体现在行动上，融入生活中。”“好家训就是传家宝，它像一盏明灯，指引我们找到成长方向；也像一剂良药，滋养我们形成良好操守；更像一面镜子，映照我们为人处世。我们会把家训代代传下去，从用起来。用良好家风为祖国大家庭增光添彩，用家庭文明为社会文明增光添彩。”

坚持义诊60年的“潘家军”

潘明继是我国著名肿瘤专家、中西医结合治疗肿瘤的开拓者之一，曾21次获得国内国际奖项。

1958年春节，潘明继带着同为医务工作者的新婚妻子施增英回家探亲。这对新人刚进门，喜糖还没来得及为大家分发，乡亲们就把痛苦不堪的病人抬进门来。病人越来越多，潘明继夫妻俩耐心地接待，一个接一个地检查处理。为了让患者减少等候的时间，他们水也顾不得喝，饭也顾不上吃，夫妻俩在3天的时间里接待了300多人。看到家乡依然落后的医疗卫生条件，夫妇俩决定，今后每年春节都要回乡义诊。

他们是这样说的，也是这样做的。不仅如此，潘明继还拿出自己的奖金、稿费和积蓄，在村里捐资修建了道路、小学教学楼。在他们的努力下，还建成了一座集科研、教育、义诊于一体的“明英苑”大楼。

潘明继还定下32字“明英家训”：待人以诚，处世以德；作业以精，求索以勤；奉献为本，服务为尚；礼仪为尊，和谐为贵。

潘明继每天都要接待众多国内外患者，设身处地为每一位病人着想，每天都将来看病的患者诊治完才休息，深受病人的信任和尊敬，拥有很好的口碑。

在施增英家的柜子里，摆放着一摞摞大大小小、厚薄不一的笔记本，这些都是潘明继亲手制作的病历本。这些病历记载着过去的40年里，潘明继在家中义诊过的病人病情、处方和回访信息，从第一本到2012年潘明继去世前的最后一本，录有详细病历的有2.3万多人。

潘明继以中药名为一对子女取名，儿子叫“远志”，女儿叫“云苓”，希望子女继承和发扬祖国优秀的传统医学，传承潘家的家规和家风，治病救人。潘明继和施增英一直以来通过言传身教，不断告诫儿女后辈，医生是一种随时随地为人民服务的职业，最重要的是要有奉献精神。

在良好家风的熏陶下，他们的儿子潘远志如今已是医学博士，从事父亲发明的中西医结合治癌新药“志苓胶囊”的推广工作。“中医药文化的内涵不仅包括医术，而且包括医德。父亲在这两方面的传授，让我们受益匪浅。”潘远志说，父亲传给自己的，不仅仅是他的医术和科研成果，更是做人做事的态度。女儿潘云苓现为福州市某医院中西医结合肿瘤科主任医师。潘云苓说，从小就看到父亲认真对待每一位病人，一点一滴都潜移默化地影响着她。

潘明继生前总是嘱咐晚辈，一定要把义诊坚持下去。2012年，潘明继去世后，潘远志和潘云苓继承父业，传承潘家的家规和家风，扛起了潘氏家族春节义诊的大旗。更令人欣喜的是，潘明继开创的义诊不仅没有停止，而且队伍仍在不断壮大，整个家族30多名医务工作者都积极投入其中。潘明继的侄孙潘宏达从小立志学医，他正在北京大学医学部攻读博士，是北京大学肿瘤医院结直肠肿瘤外科的住院总医师。工作之余，他每年春节都会回老家，作为家族的第三代参加义诊。

仁心仁术正是潘家人的真实写照，潘家人义诊的接力棒正在一代又一代传递下去。

军人之家、党员之家、慈善之家

江苏南京的韩守训家庭，在第一届全国文明家庭表彰大会上，获颁“全国文明家庭”荣誉证书。这是一个团结有爱的大家庭。年逾古稀的“大家长”韩守训组织全家人做慈善。他们捐助希望工程、资助贫困学生，为汶川、玉树等地震灾区捐款献血，后来还专门成立了“家庭爱心基金”。8年来，韩守训发起的“家庭慈善基金”已经发展了22个亲戚加入，累计捐款数额近10万元。韩家人做好事、献爱心的家风，犹如传家宝，正一代一代地传承下去。

认识韩守训的人都说：“有事找老韩，准没错。”老伴儿潘翠英清楚地记得，一天傍晚，响起了一阵急促的敲门声。开门一问才知道，这个人并不认识老韩，他开车到南京后发现汽车没油了，情急之下，有人告诉他来找老韩。老韩听完这个人的遭遇，毫不犹豫地向他伸出了援手。

韩守训老夫妻俩入党50年，儿子、女儿、女婿都是军人，全家共有6位党员。韩家是名副其实的军人之家、党员之家，如今还被誉为“慈善之家”。

2008年汶川大地震发生时，韩守训带领全家人捐了5000元钱，并积极发动家人献血。从那时起，老韩就产生了一个想法：成立“家庭爱心基金”。

老韩说：“一时为善易，时时为善难。做公益、做善事搞突击是不够的，应当尽家庭所能，把做公益、做慈善的家风一代代传下去。”成立“家庭爱心基金”的这一提议很快就得到了全家人的积极响应和热情参与。

老韩随即定下家规：只要有收入的家庭成员，每人每月捐款50元存入

“家庭爱心基金”。基金由财会专业出身的大儿媳代收代管并通报使用情况，基金积累到一定数额，全家人就共同商讨如何做慈善。

老夫妇带头行动，不仅每月捐出爱心款，还将因“全国文明家庭”和南京“最美家庭”等荣誉获得的奖金，全部捐入“爱心基金”；远在杭州的小女儿夫妻俩，每月都汇钱给大嫂；除了全家12名已参加工作的家庭成员之外，几位亲戚朋友也报名参加“家庭爱心基金”。目前参与人数已经超过20人。

在这种氛围中，各家庭成员不仅个个爱岗敬业、孝老爱亲，也积极做好事。大女儿参加江苏省妇联组织的“春蕾行动”，资助宿迁沭阳两名家境贫困的小学女生上学；大儿媳单位组织的每一次公益捐款，都少不了她的身影；小儿媳参加南京“爱心妈妈”志愿活动，日复一日倾注自己的爱心……

2008年，韩守训不幸患上了食道癌。不幸接踵而至，2014年，老伴儿潘翠英感到腿疼厉害，检查后竟然是肺癌伴随骨转移。老两口一年的治疗费用有15万元左右需要自理。即便是在最困难的时候，他们也从未想过放弃“家庭爱心基金”。他们想到的是：“还有比我们更困难的人。”2014年，云南鲁甸地震的消息传来，病床上的老韩立即打电话，请社区帮他将2000元爱心款捐给灾区。

有的家庭成员提出：假如以后实在有困难，50元爱心款是否可以减免？后来，全家达成了一致：50元对生活影响不大，日积月累却能帮助很多人。哪怕在其他地方省吃俭用，也不能将这笔基金断掉。

后来，连医生也忍不住劝老韩，应该先保重自己的身体。老两口很严肃地说：“帮助别人，我们感到快乐，心情好了也有利于身体健康。”

韩守训夫妻俩有4个子女，除了在杭州定居的小女儿，其他三个孩子都定居在南京。为了方便看望两位老人，他们特意选择在离老人近的小区居住，天气好的时候，也方便带老人到滨江大道、莫愁湖公园等这些地方转转。

韩老先生经常说：“家庭是社会的细胞，家庭和谐，社会便能和谐。”他并没有因为自己的病而感到气馁，而是以乐观的心态面对生活和疾病，还劝慰家人不要担心，心情放平和，自己扛得住！

2017年2月4日，正是农历鸡年正月初八，是老韩78岁生日。阖家团圆之际，老韩望着热热闹闹聚在一起的十多口人，笑着说出自己的生日愿望：“咱们的家庭爱心基金规模越来越大了，今年能不能成立个以家庭冠名的基金，把咱们这做慈善的好家风传下去、传出去？”老韩的提议得到全家人的赞同。他们进一步商定，看怎样把这件好事办好，把做公益的好家风传给更多的儿孙亲朋。

成千珍和她的最美家庭

成千珍8岁那年的一天，有几个陌生人走进了她的家。他们把一张由毛主席亲笔签名的烈士证书交到家人手中。爷爷看着卧病在床的儿媳、残疾的孙子和8岁的成千珍，伤心欲绝："法魁走了……以后日子咋过呢……这个家完了！"成千珍的父亲成法魁17岁加入中国共产党，成为15军44师131团机枪连排长。1938年参加抗日，1947年随刘邓大军南下作战，1949年在渡江战役中壮烈牺牲。

全家人哭成一团。这时，8岁的成千珍站起身来说："爷爷，娘，咱们不哭，这个家我来担……"这一句掷地有声的承诺，她一直坚守了60多年。

从此，成千珍稚嫩的肩膀挑起了全家的重担。她每天早上五点钟起床生火，踩着小凳子煮全家人的饭。1951年，爷爷去世了，这个贫苦的家庭更是雪上加霜。每当小小的成千珍感觉快支撑不住的时候，她就拿出父亲的烈士证书，看了又看，力量就又从心底慢慢生起。

在父亲精神的激励下，成千珍对自己有着更高的要求，作为烈士的女儿，她更多了一份对社会的责任感。为了改善生活，更为了成为一个对国家、对社会有用的人，她总是等照顾家人睡下后，悄悄起来努力学习文化知识。后来，勤奋好学的成千珍如愿考上了师范学校。本来毕业后她被分配到县第一中学教书，但是为了方便照顾家人，她毅然放弃了，主动要求回农村老家教书。

成千珍的丈夫是邻村一个老实本分的青年。两人婚后有了两个活泼可爱的儿子。在孩子们的成长过程中，成千珍经常拿出父亲的烈士证书教导他们要爱党爱国、要有担当。两个孩子从小看到母亲一边教书，一边又要照顾全家人，都非常懂事。大儿子初中毕业后就到附近的自行车厂工作，挣钱贴补家用。小儿子18岁时，积极响应国家号召，应征入伍。在小儿子临行前，成千珍告诫他说："咱们是革命烈士的后代，一定要吃苦在前、争当先进，给家里争光。"在部队期间，因吃苦耐劳、勤奋好学，小儿子第二年就被授予中士军衔，任命为高炮班长，并多次受到嘉奖。现在，两个儿子都成家立业，在各自的岗位上兢兢业业。

为了照顾母亲和弟弟家的生活，成千珍忙完自家忙娘家，每天往返二十多里路，几十年来风雨无阻。她自己有两个孩子，加上两个患有疾病的侄子侄女，肩上的担子很重。孩子们小的时候，丈夫的主业就是种地，成千珍每月20多元的工资，要养活上上下下9口人，日子过得十分紧巴。他们一家平时省吃俭用，多年住着老房土炕，餐桌上常年是萝卜干、野菜、红薯叶，孩子们身上穿的也是旧衣服。为了全家的生计，成千珍白天在学校上课，午间下地干农活，晚上抽空打零工贴补家用。她的母亲、弟弟相继过世后，留下两个侄孙。她的两个儿子成家后，儿子、儿媳们都帮着她供养两个侄孙。现在，这个由15口人组成的大家庭充满了温馨、美满。

五十载风风雨雨，成千珍与丈夫相互理解，相互关爱，相互支撑，并在村里组建了武安落子文艺团。一有时间，夫妻俩还对唱起武安落子、大平调等戏曲，给村里的妇女群众说唱快板，讴歌党的好政策。你拉弦子我唱曲，夫唱妇随，相濡以沫。

成千珍还发挥老师的余热，把自己的家当作课堂，义务给孩子们上剪纸、绣花等手工课程，给困难家庭的孩子们做棉衣等，村里的孩子们亲切地称她为"老师妈妈"。

成千珍退休后，本可以和丈夫、儿孙一起生活，享受一个其乐融融的晚年。可是在村里两委换届时，她以全票当选为村支部书记。成千珍接下了这个重任，并连任三届。九年来，一分钱工资不拿的成千珍，垫资为村里修盖了文化广场、村里办公楼。村里的大事小情，都喜欢喊这位“成妈妈”“成奶奶”上阵。成千珍说：“我是革命烈士的女儿，父亲那一辈老革命家的精神这么多年一直在影响我，只讲付出，不讲索取。”她从不领支部书记的工资，反倒常常拿退休工资贴补别人。成千珍还经常带着她的儿孙们到孤寡老人家扫扫地、挑挑水，洗洗涮涮，她说：“群众的事就是我的事，大家快乐了，小家就幸福了……”

成千珍的儿孙们说，他们这个家，有革命烈士的精神照耀，是烈士的浴血奋斗与牺牲给了他们今天的幸福，他们的小家就应属于大家。成千珍也经常教诲自己的孩子们：“遇到大事难事多互帮互助，不要计较，都多点奉献精神，小家庭和谐了，大家的生活就美满幸福了。”

成千珍被评为优秀村支部书记，市、县“三八红旗手”，市、县“最美母亲”，河北省“优秀园丁”等称号。她的家庭2015年获得河北省“最美家庭”，2016年获得全国“最美家庭”。

参考文献

1.《中华家庭文化》，丁晓山编著，首都师范大学出版社，1994。

2.《中国古代家训精选》，丁晓山编著，中国国际广播出版社，1995。

3.《家运》，丁晓山编著，中华工商联合出版社1997年第一版，中国文史出版社2013年第二版。

4.《天津的名门世家》，罗澍树编著，天津古籍出版社，2004。

5.《江阴名人自述》，沈俊鸿编，上下册，上海古籍出版社，2008。

6.《追寻古代名人的后代》，吴东平著，湖北人民出版社，2006。

7.《激扬家声——曾国藩家庭伦理思想研究》，周俊武著，湖南师范大学出版社，2011。

8.《中国家风》，张建云、赵志国主编，山东友谊出版社，2015。

9.《跟古代名人学家风家训》，张志君著，商务印书馆国际有限公司，2015。

10.《家风正，子孙兴：听赵忠心教授讲优秀家风故事》，赵忠心著，北京理工大学出版社，2015。

11.《历代名人的家风家训故事》，匡流编著，中国方正出版社，2016。

12.《岭南家训》，顾作义主编，南方日报出版社，2016。

13.《名门家训》，陶清澈编著，哈尔滨出版社，2016。

14.《河南家训家规》，管仁富主编，中州古籍出版社，2016。

15.《曾国藩家风》，姜志勇、孔珍珠著，新华出版社，2016。

16.《家风隽永·德润金陵：南京历史上的传统家规》，南京市纪委、南京市监察局编，江苏凤凰文艺出版社，2016。

17.《不可失传的家风》，中共上海市委机关工作委员会编，学林出版社，2016。

18.《齐鲁家风：山东人的精神史诗》，吕冰、郭玉峰主编，山东人民出版社，2015。

19.《留住家的回忆——海上书法名家“家文化”作品集》，上海市徐汇区文化局编，学林出版社，2016。

20.《濮阳家训与家风故事》，同名编委会编，中州古籍出版社，2016。

21.《清白与丹心：新都杨慎家族传世家语》，李汤、李晓宁编，四川人民出版社，2016。

22.《金乡历史上的十大文化家族》，李英渠编著，山东人民出版社，2015。

23.《我的百年家族记忆》，余未人著，贵州人民出版社，2015。

24.《潍坊名门世家》，君建民、王宪民著，中国文史出版社，2012。

25.《苏州名门望族》，张学群著，江苏广陵书社，2006。